水力学实验

Hydraulics
Experiments

方程冉　刘宏远　主编

ZHEJIANG UNIVERSITY PRESS
浙江大学出版社
·杭州·

图书在版编目(CIP)数据

水力学实验/方程冉,刘宏远主编. —杭州:浙
江大学出版社,2022.8
ISBN 978-7-308-22714-8

Ⅰ.①水… Ⅱ.①方… ②刘… Ⅲ.①水力实验－教
材 Ⅳ.①TV131

中国版本图书馆 CIP 数据核字(2022)第 098341 号

水力学实验
SHUILIXUE SHIYAN

主　编　方程冉　刘宏远

责任编辑	汪荣丽
责任校对	沈巧华
封面设计	林智广告
出版发行	浙江大学出版社
	(杭州市天目山路 148 号　邮政编码 310007)
	(网址:http://www.zjupress.com)
排　　版	杭州星云光电图文制作有限公司
印　　刷	杭州高腾印务有限公司
开　　本	710mm×1000mm　1/16
印　　张	8
字　　数	152 千
版 印 次	2022 年 8 月第 1 版　2022 年 8 月第 1 次印刷
书　　号	ISBN 978-7-308-22714-8
定　　价	29.90 元

前　言

　　水力学是普通高等教育土木类、水利类和环境类专业的一门基础课程,对学生进一步学习和掌握专业理论知识具有重要作用。水力学实验则是抽象的水力学理论知识的实践性操作和应用,是水力学课程必不可少的组成部分。

　　本书分绪论、实验内容和附录三部分。绪论介绍了水力学实验的目的和意义等;实验内容介绍了各实验项目;附录主要是相关的实验报告样本。其中,实验内容主要包括流体静力学、恒定流伯努利方程、动量定律、雷诺、文丘里流量计、沿程水头损失、局部水头损失、孔口与管嘴出流、毕托管测速与修正系数标定、达西渗流、堰流、闸下自由出流流量系数测定、明渠糙率测定、水跃和水面曲线等 15 个操作性实验,以及静场传递扬水、流谱流线和水击现象等 3 个演示实验。每个实验主要包含实验目的和要求、实验原理、实验装置、实验方法与步骤及注意事项等。附录部分的实验报告主要包含数据处理与成果展示、分析和讨论两大部分。本书实现了实验报告和实验指导书既为一体又各自独立,有利于实验操作和实验结果的有效评价。

　　土木类的土木工程专业可选择实验 1~7,土木类的给排水科学与工程专业可选择实验 1~18,水利类专业可选择实验 1~18,环境类专业可选择实验 1~15;其他相关学科或工程技术人员可根据需要选择实验。

　　全书由方程冉和刘宏远编写和统稿,仇立波、李红和陈彬辉也分别参与了实验 1~6、实验 7~12 以及实验 13~18 等的编写工作。

　　本书得到教育部新工科研究与实践项目(E-TMJZSLHY20202115)和教育部高等学校给排水科学与工程专业教学分指导委员会教改项目(GPSJZW2020-12)的资助。另外,杭州源流科技有限公司和杭州奔流科技有限公司生产了本书中所述的实验装置,助推了本书顺利出版,在此特别表示感谢!

　　由于编者水平有限,书中缺点和错误之处在所难免,恳请读者批评指正。

编者
2022 年 5 月

目　录

第1章 绪 论

一、水力学实验的意义和目的

水力学的研究方法一般有理论分析、实验研究和数值模拟三种。由于水力学问题的影响因素错综复杂,加之数学上求解困难,许多实际水体运动问题不是只靠理论分析就能解决的。因此,实验在水力学中占有十分重要的地位,它不仅是理论分析和数值计算成果正确与否的最终检验标准,而且在某些场合,实验已成为解决水力学问题的主要途径。很多水体运动规律和公式都是通过实验总结得出的。在实际工程中,利用模型实验来研究水的流动现象及其与建筑物的相互作用,从而验证及优化设计方案是非常普遍的。水力学实验,无论对从事理论研究或对解决实际工程问题而言,都具有极其重要的意义。

对实验教学而言,开设水力学实验课程的目的主要包括以下几点:

(1)观察水体流动现象,测量有关水力要素,增加感性认识,提高理论分析能力。

(2)学会正确使用水力学实验室的常规测量仪器,能正确记录、整理和分析实验数据,撰写实验报告,提高创新思维和动手能力。

(3)验证水力学原理,测定经验系数值,以巩固所学的理论知识。

(4)培养学生的团队协作能力与严谨求是的工作作风和学习态度。

二、水力学实验室建设

水力学实验室是人才培养与科学研究的重要基地。实验室应具备流体静力学综合实验仪、伯努利方程综合实验仪、动量定律综合实验仪、文丘里流量计、沿程水头损失实验仪、局部水头损失实验仪、孔口与管嘴出流实验仪、毕托管测速仪、雷诺实验仪、堰流实验仪、明渠糙率测定仪等一系列常规教学操作类实验仪器。另外,还应配备流谱流线演示仪、水击现象综合演示仪、静场传递扬水演示仪等演示类实验仪器,能够满足水力学基本技能训练、定性分析、定量测量、综合性实验以及相关演示实验教学要求。该系列实验仪器一般由有机玻璃制成,并应由自循环供水系统、恒压水箱、过水管道、测压计等主要部件组成,仪器可视性强,操作安全、简单。同时要求实验者在使用时能严格按照仪器规程精心操作,确保仪器的使用安全和实验结果的准确性。

三、水力学实验教学要求

水力学实验是水力学课程教学中的一个重要环节,也是培养学生掌握实验的基本原理和技能的一个重要手段。学生必须严肃、认真地对待实验中的每一个环节。实验时要求做到以下几点:

(1)实验前认真预习,仔细阅读实验指导书及理论教材上的相关内容,明确实验的目的和要求,理解实验原理,了解实验步骤和有关仪器的操作方法及注意事项,做好预习报告和实验前的准备工作。

(2)按实验规定时间进入实验室,进入实验室后,必须遵守实验室的各项规章制度,严格遵守操作规程。

(3)实验过程中要保持严谨的工作作风和学习态度,按实验指导书上的要求和步骤进行实验操作。同组成员之间应互相配合、细心操作,多思考分析问题,发现不合理的数据,要查明原因,可重复实验操作,保证实验结果的准确性。

(4)及时准确地记录实验数据,原始数据不得凭空捏造或任意涂改。实验完成后,实验数据需交给指导老师检查并得到签字认可。

(5)实验结束,关闭仪器和电源,归还相关实验用具,将仪器设备恢复原状。

(6)完成实验后,应及时整理实验数据,绘制相关关系曲线,认真编写实验报告。实验报告应书写工整,图表清晰,结果正确。

四、实验报告要求

操作类实验报告包含实验数据处理与成果展示、分析和讨论两大部分。实验数据处理与成果展示具体包括实验仪器相关常数的记录、实验结果数据的记录和计算、实验成果的整理和按要求绘制曲线图等;分析和讨论部分根据实验过程和结果回答相应的思考题。演示类实验报告主要完成分析和讨论,即根据实验过程中观察到的现象,分析原理,并完成相应的思考题。

实验结果与分析是报告的主体,应把实验操作的数据结果和实验现象等表达出来。数据表达要规范,包括物理量、有效数字和图表等,并要对所测得的数据和结果分析归纳。同时,估计各测量环节的误差大小,分析误差及原因,评价实验测定方法,改进实验方法等。整个实验报告应书写整洁、表达规范、分析详尽。

同组成员记录结果数据可一样,但要按上述内容独立完成实验报告,杜绝抄袭现象。实验报告需在实验完成后一周内上交,经教师批改后,不合格者需重做实验或重写实验报告。

第2章　实验内容

实验1　流体静力学实验

一、实验目的和要求

1.掌握测压管测量流体静压强的技能。

2.通过静压强测定和油密度测定,验证不可压缩流体静力学基本方程。

3.通过对流体静力学现象的分析研讨,进一步提高解决静力学实际问题的能力。

二、实验原理

流体处于平衡状态时,作用于流体的应力只有法向应力,而没有切向应力,此时,流体作用面上的法向应力即为流体静压强。在静止流体中,任意一点的流体静压强的大小与作用面的方向无关,只与该点的位置有关。流体中静压强相等的点连成的面称为等压面。同种连续流体,位置高度相同的各点处静压强相等,因此,重力场下的等压面是一水平面。若流体不连续或同一水平面穿越不同流体,则位于同一水平面上的各点压强并不一定相等,水平面也不能确定为等压面。

重力场下不可压缩流体静压强分布如图1-1所示,相应不可压缩流体静力学基本方程为:

$$z+\frac{p}{\rho g}=C \quad 或 \quad p=p_0+\rho g h \tag{1-1}$$

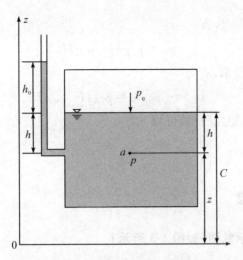

图 1-1　重力场下不可压缩流体静压强分布

式中：z——被测点相对基准面的位置高度；

　　　p——被测点的静水压强（用相对压强表示，下同）；

　　　p_0——液面的表面压强；

　　　ρ——液体密度；

　　　h——被测点的液体深度；

　　　C——常数；

　　　g——重力加速度。

　　运用此基本方程，可测量计算流体静压强。同样，运用流体等压面原理，可测定不同流体（如油）的密度，如图 1-2 所示，其原理如下。

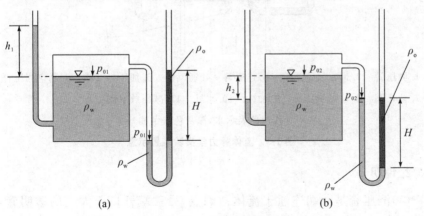

(a)　　　　　　　　　　　　　　(b)

（浅灰色表示水，深灰色表示油）

图 1-2　油密度测量原理

如图 1-2(a)所示,有

$$p_{01} = \rho_w g h_1 = \rho_o g H \tag{1-2}$$

如图 1-2(b)所示,有

$$p_{02} = -\rho_w g h_2 = \rho_o g H - \rho_w g H \tag{1-3}$$

联立式(1-2)和式(1-3)可得

$$\frac{\rho_o}{\rho_w} = \frac{h_1}{h_1 + h_2} \tag{1-4}$$

三、实验装置

1. 实验装置示意图(如图 1-3 所示)

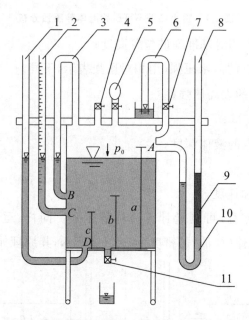

1.测压管　2.带标尺测压管　3.连通管　4.通气阀　5.加压打气球　6.真空测压管
7.截止阀　8.U形测压管　9.油柱　10.水柱　11.减压放水阀

(浅灰色表示水,深灰色表示油)

图 1-3　流体静力学实验装置示意

2. 说明

(1)测压管是一端连通于流体被测点,另一端开口于大气的透明管,适用于测量流体测点的静态低压范围的相对压强,测量精度为 1mm。测压管分直管形和 U 形。直管形测压管如图 1-3 中 2 所示,其测点压强 $p = \rho g h$,

h 为测压管液面至测点的竖直高度。U 形测压管如图 1-3 中 1 与 8 所示。直管形测压管要求液体测点的绝对压强大于当地大气压,否则因气体流入测点而无法测压;U 形测压管可测量液体测点的负压,如图 1-3 中当测压管 1 的液面低于测点时的情况;U 形测压管还可测量气体的点压强,如图 1-3 中测压管 8 所示。一般 U 形测压管中为单一液体(本装置因实验需要在 U 形测压管中装有油和水两种液体),测点气压为 $p = \rho g \Delta h$,Δh 为 U 形测压管两液面的高度差,当管中接触大气的自由液面高于另一液面时,Δh 为"+",反之 Δh 为"−"。

(2)连通管是一端连接于被测液体,另一端开口于被测液体表面空腔的透明管,如图 1-3 中 3 所示。对于敞口容器中的测压管也是测量液位的连通管。连通管中的液体直接显示了容器中的液位,用毫米刻度标尺即可测读水位值。液位测量精度为 1mm。

(3)所有测管液面标高均以带标尺测压管的零点高程为基准。

(4)测点 B、C、D 位置高程的标尺读数值分别以 ∇_B、∇_C、∇_D 表示,若同时取标尺零点作为静力学基本方程的基准,则 ∇_B、∇_C、∇_D 亦为 z_B、z_C、z_D。

(5)基本操作方法:

①设置 $p_0 = 0$ 条件。打开通气阀 4(4 为图中对应编号,下同),此时实验装置内压强 $p_0 = 0$。

②设置 $p_0 > 0$ 条件。关闭通气阀 4、减压放水阀 11,通过加压打气球 5 对装置打气,可对装置内部加压,形成正压。

③设置 $p_0 < 0$ 条件。关闭通气阀 4、加压打气球 5 底部阀门,开启减压放水阀 11 放水,可对装置内部减压,形成真空环境。

④水箱液位测量。在 $p_0 = 0$ 条件下,读取测压管 2 的液位值,即为水箱液位值。

四、实验方法与步骤

1.熟悉实验仪器组成及其用法。

(1)阀门:各阀门的开关方式。

(2)加压方法:关闭所有阀门,包括截止阀 7,然后用加压打气球 5 充气。

(3)减压方法:开启箱底减压放水阀 11 放水。

(4)检查仪器是否密封:加压后检查测压管 1、2、8 液面高程是否恒定。若下降,则表明漏气,应查明原因并加以处理。

2.记录仪器各常数,包括各测点位置高程的标尺读数∇_B、∇_C、∇_D、z_C、z_D和基准面位置等。

3.测量点静压强(各点压强用厘米水柱高表示)。

(1)打开通气阀4和加压打气球5下面的阀门,记录水箱液面标高∇_0和测压管2液面标高∇_H。

(2)关闭通气阀4及截止阀7,加压使之形成$p_0>0$,加压完成后关闭打气球5下面的阀门,测记∇_0及∇_H。

(3)打开减压放水阀11,使之形成$p_0<0$,要求其中一次$p_B<0$,即$\nabla_H<\nabla_B$,测记∇_0及∇_H。

(4)测出真空测压管6插入小水杯中的深度,分析箱体内出现的真空区域(负压区域)。

4.测定油密度ρ_o。

(1)开启通气阀4和加压打气球5下面的阀门,测记∇_0。

(2)关闭通气阀4,打气加压使$p_0>0$,加压完成后关闭打气球5下面的阀门,微调放气螺母使U形管中水面与油水交界面齐平,如图1-2(a)所示,测记∇_0及∇_H,此过程反复进行3次。

(3)打开通气阀,待液面稳定后,关闭所有阀门;然后开启放水阀11,使U形管中的水面与油面齐平,如图1-2(b)所示,测记∇_0及∇_H,此过程亦反复进行3次。

5.实验结束,进行成果分析。

五、注意事项

1.用打气球加压、减压需缓慢,以防液体溢出及油柱吸附在管壁上;打气后务必关闭打气球下端阀门,以防漏气。

2.减压实验时,放出的水应通过水箱顶部的漏斗倒回水箱中。

3.在实验过程中,装置的气密性要求保持良好。

六、数据记录与分析

实验数据处理、分析和讨论详见附录1。

实验 2　恒定流伯努利方程实验

一、实验目的和要求

1. 验证流体恒定总流的伯努利方程。

2. 通过对水力学诸多水力现象的实验分析讨论,掌握有压管流中动水力学的能量转换特性。

3. 掌握流速、流量、压强等动水力学水力要素的实验测量技能。

二、实验原理

伯努利方程(也称能量方程)是在流体连续介质理论方程建立之前,流体力学所采用的基本方程,其实质是流体的机械能守恒,即:

重力势能＋压力势能＋动能＝常数

其最为著名的推论为:等高流动时,流速大,压力就小。流体在流动过程中所具有的各种机械能(重力势能、压力势能和动能)是可以相互转化的。但由于实际流体存在黏性,流体运动时产生了流动阻力(摩擦阻力),为了克服这种流动阻力,需要消耗一部分机械能,也即水头损失,因而机械能将在流动中逐渐减少。

1. 伯努利方程

在实验管路中沿管内水流方向取 n 个过水断面,在恒定流动时,可以列出进口断面(1)至另一断面(i)的伯努利方程式

$$z_1 + \frac{p_1}{\rho g} + \frac{\alpha_1 v_1^2}{2g} = z_i + \frac{p_i}{\rho g} + \frac{\alpha_i v_i^2}{2g} + h_{\mathrm{w}1-i} \quad (i=2,3,\cdots,n) \qquad (2\text{-}1)$$

取 $\alpha_1 = \alpha_2 = \alpha_n = 1$,选好基准面,从已设置的各断面的测压管中读出 $z_i + \dfrac{p_i}{\rho g}$ 值,测出通过管路的流量,即可计算出断面平均流速 v 及 $\dfrac{\alpha v^2}{2g}$,从而得到各断面测压管水头和总水头。任取 $i=2$,水流从断面 1 至断面 2 的伯努利方程机械能沿程变化,如图 2-1 所示。

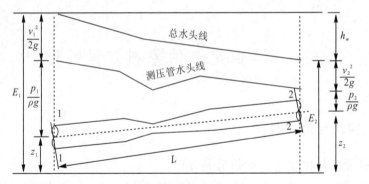

图 2-1 伯努利方程机械能沿程变化

2.过流断面性质

均匀流或渐变流断面流体动压强符合静压强的分布规律,在同一断面上,即 $z+\dfrac{p}{\rho g}=C$,但在不同过流断面上的测压管水头不同,即 $z_1+\dfrac{p_1}{\rho g}\neq z_2+\dfrac{p_2}{\rho g}$;在急变流断面上,则 $z+\dfrac{p}{\rho g}\neq C$。

三、实验装置

1.实验装置示意图(如图 2-2 所示)

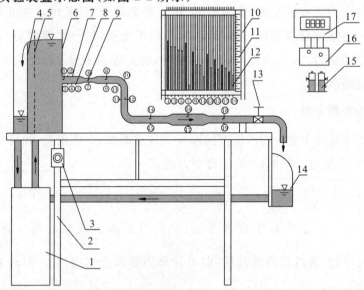

1.自循环供水器 2.实验台 3.可控硅无级调速器 4.溢流板 5.稳水孔板 6.恒压水箱
7.实验管道 8.测压点①～⑲ 9.弯针管毕托管 10.测压计 11.滑动测量尺 12.测压管
①～⑲ 13.实验流量调节阀 14.回水漏斗 15.稳压筒 16.传感器 17.数显流量仪

图 2-2 伯努利方程实验装置示意

2. 说明

(1)流量测量——数显流量仪:数显流量仪系统包括实验管道内配套稳压筒 15、高精密传感器 16 和数显流量仪 17。流量仪使用时,需先排气调零,待水箱溢流后,间歇性全开、全关数次管道流量调节阀 13,排除连通管内气泡。再全关流量调节阀 13,待稳定后将流量仪调零。测流量时,待水流稳定后,流量仪所显示的数值即为瞬时流量值。若不具备数显流量仪,则可用体积法(或重量法)测定流量。

(2)流速测定——弯针管毕托管:弯针管毕托管用于测量管道内的点流速。为减小对流场的干扰,弯针管直径 ϕ 为 1.6mm×1.2mm(外径×内径)。只要开孔的切平面与来流方向垂直,弯针管毕托管的弯角从 90°~180°均不影响测流速精度,如图 2-3 所示。

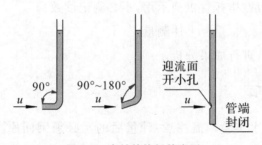

图 2-3　弯针管毕托管类型

(3)测压点:毕托管测压点(图 2-2 中标号为①、⑥、⑧、⑫、⑭、⑯、⑱,后述加 * 表示)与测压计的测压管连接,用以测量毕托管 9 探头对准点的总水头值,近似替代所在断面的平均总水头值,可用于定性分析,但不能用于定量计算。普通测压点(图 2-2 中标号为②、③、④、⑤、⑦、⑨、⑩、⑪、⑬、⑮、⑰、⑲)与测压计的测压管连接,用以测量相应测压点的测压管水头值。

(4)测压点⑥ *、⑦所在喉管段直径为 d_2,测点⑯ *、⑰所在扩管段直径为 d_3,其余均匀段直径为 d_1。

四、实验方法与步骤

1. 熟悉实验仪器组成,分清哪些测压管是普通测压管,哪些是毕托管测压管,以及两者在功能上的区别。

2. 记录仪器各常数,包括均匀段 d_1、喉管段 d_2、扩管段 d_3、水箱液面高程∇_0和上管道轴线高程∇_z等。

3.打开开关供水,使水箱充水,待水箱溢流,检查调节阀关闭后所有测压管水面是否齐平。若水面不平,则需查明故障原因(如连通管受阻、漏气或夹气泡等)并加以排除,直至调平。

4.打开流量调节阀13,观察思考:

(1)测压管水头线和总水头线的变化趋势。

(2)位置水头、压强水头之间的相互关系。

(3)测压点②和③的测压管水头是否相同?为什么?

(4)测压点⑩和⑪的测压管水头是否不同?为什么?

(5)当流量增加或减少时测压管水头如何变化?

5.调节流量调节阀13的开度,待流量稳定后,测记各测压管液面读数,同时测记实验流量(毕托管供演示用,不必测记读数)。

6.改变流量2次,重复上述测量。

7.实验结束,进行成果分析。

五、注意事项

1.自循环供水实验均需注意:计量后的水必须倒回原实验装置的水斗内,以保持自循环供水(此注意事项后续实验不再提示)。

2.稳压筒内气腔越大,稳压效果越好。但稳压筒的水位必须淹没连通管的进口,以免连通管进气,否则需拧开稳压筒排气螺丝提高筒内水位。若稳压筒的水位高于排气螺丝口,说明有漏气,需检查处理。

3.传感器与稳压筒的连接管要确保气路通畅,连接管及进气口均不得有水体进入。

4.数显流量仪开机后一般需预热3～5 min。

六、数据记录与分析

实验数据处理、分析和讨论详见附录2。

实验 3　动量定律实验

一、实验目的和要求

1.验证不可压缩流体恒定流的动量方程。

2.通过对动量与流速、流量、出射角度、动量矩等因素间相关性的分析研讨,掌握流体动力学的动量守恒定理。

3.了解活塞式动量定律实验仪原理、构造,培养创新思维。

二、实验原理

连续性方程和伯努利方程虽在解决流体动力学问题中具有重要的意义,但亦存在局限性。如在急变流条件下,伯努利方程中的水头损失既不可忽略又难以确定,此时若求解物理边界对流体的作用力,借助动量方程则较为直接便捷。由理论力学可知,质点系运动的动量定律为:质点系的动量在某一方向的变化,等于作用于该质点系的所有外力的冲量在该方向的投影代数和。此定律应用于恒定总流,得到恒定总流的动量方程,它表示在单位时间内,通过控制体表面流出与流入控制体的动量差,等于作用在该控制体上所有外力的向量和。

恒定总流动量方程为

$$F = \rho Q(\beta_2 \boldsymbol{v}_2 - \beta_1 \boldsymbol{v}_1) \tag{3-1}$$

活塞式动量定律实验中心部件如图 3-1(a)所示,取控制体如图 3-1(b)所示,因滑动摩擦阻力水平分力 $f_x < 0.5\% F_x$,可忽略不计,故 x 方向的受力近似为

$$F_x = -p_c A = -\rho g h_c \frac{\pi}{4} D^2 = \rho Q(0 - \beta_1 v_{1x}) \tag{3-2}$$

即

$$\beta_1 \rho Q v_{1x} - \rho g h_c \frac{\pi}{4} D^2 = 0 \tag{3-3}$$

式中:h_c——作用在活塞形心处的水深;

p_c——作用在活塞形心处的压强;

D, A——活塞的直径和面积;

Q——射流的流量；

v_{1x}——x 方向的射流速度；

β_1——动量修正系数。

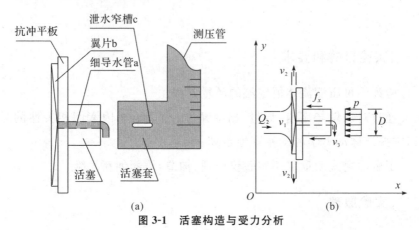

图 3-1　活塞构造与受力分析

实验中,在平衡状态下,只要测得流量 Q 和活塞形心水深 h_c,由给定的管嘴直径 d 和活塞直径 D,代入式(3-3),便可验证动量方程,并可测定射流的动量修正系数 β_1 值。

三、实验装置

1. 实验装置示意图(如图 3-2 所示)

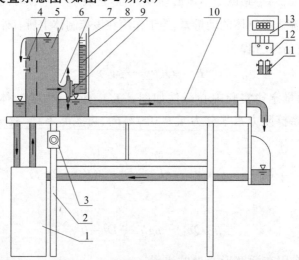

1.自循环供水器　2.实验台　3.可控硅无级调速器　4.水位调节阀　5.恒压水箱
6.喇叭形进口管嘴　7.集水箱　8.带活塞套的测压管　9.带活塞和翼片的抗冲击平板
10.上回水管　11.内置式稳压筒　12.传感器　13.数显流量仪

图 3-2　动量定律实验装置示意

2. 说明

(1)流量测量:数显流量仪的使用方法可参考伯努利方程实验。若不具备数显流量仪,则可用体积法(或重量法)测定流量。

(2)测力机构:测力机构由带活塞套并附有标尺的测压管 8 和带活塞及翼片的抗冲击平板 9 组成。中心部件如图 3-1(a)所示。活塞中心设有一细导水管 a,进口端位于平板中心,出口端伸出活塞头部,出口方向与轴向垂直。在平板上设有翼片 b,活塞套上设有泄水窄槽 c。

(3)工作原理:工作时,活塞置于活塞套内,沿轴向可以自由滑移。在射流冲击力作用下,水流经细导水管 a 向测压管 8 加水。当射流冲击力大于测压管内水柱对活塞的压力时,活塞内移,泄水窄槽 c 变小,水流外溢减少,使测压管 8 水位升高,活塞所受的水压增大。反之,活塞外移,泄水窄槽 c 变大,水流外溢增加,测压管 8 水位下降,水压减小。在恒定射流冲击下,经短时段的自动调整后,活塞处在半进半出、窄槽部分开启的位置上,过细导水管 a 流进测压管的水量和过泄水窄槽 c 外溢的水量相等,即测压管中的液位达到稳定。此时,射流对平板的冲击力和测压管中水柱对活塞的压力处于平衡状态,如图 3-1(b)所示。活塞形心处水深 h_c 可由测压管 8 的标尺测得,由此可求得活塞的水压,此力即为射流冲击平板的动量力 F。由于在平衡过程中,活塞需要做轴向移动,为此平板上设有翼片 b。翼片在水流冲击下带动活塞旋转,因而克服了活塞在沿轴向滑移时的静摩擦力,提高了测力机构的灵敏度。

四、实验方法与步骤

1. 熟悉仪器各部分名称、结构特征、作用性能。

2. 记录仪器各常数,包括管嘴内径 d 和活塞直径 D 等。

3. 开启水泵:接通电源,打开调速器开关,水泵启动,向恒压水箱内供水。

4. 调整测压管位置:待恒压水箱满顶溢流后,松开测压管固定螺丝,调整方位,要求测压管垂直、螺丝对准十字中心,使活塞转动松快,然后旋转螺丝固定好。

5. 测读水位:

(1)活塞形心处水深 h_c 测量。标尺的零点已固定在活塞圆心的高程上。

当测压管内液面稳定后,记下测压管内液面的标尺读数,即为作用在活塞形心处的水深 h_c 值。

(2)管嘴作用水头测量。管嘴作用水头是指水箱液面至管嘴中心的垂直深度。在水箱的侧面上刻有管嘴中心线,用直尺测读水箱液面及中心线的值,其差值即为管嘴作用水头值。

6.流量测量:用数显流量仪或体积法测流量。

7.改变水头重复实验:逐次打开不同高度上的溢水孔盖,改变管嘴的作用水头。调节调速器,使溢流量适中,待水头稳定后,按步骤 4~6 重复进行实验。

8.验证 $v_{2x} \neq 0$ 对 F_x 的影响:取下平板活塞,使水流冲击到活塞套内,调整好位置,使反射水流的回射角度一致,记录回射角度的目估值、测压管作用水深和管嘴作用水头。

9.实验结束,进行成果分析。

五、注意事项

1.测压管方位要准确,要求测压管垂直、螺丝对准十字中心。

2.若活塞转动不灵活,可在活塞与活塞套的接触面上涂抹 4B 铅笔芯,否则会影响实验数值精度。

六、数据记录与分析

实验数据处理、分析和讨论详见附录 3。

实验 4　雷诺实验

一、实验目的和要求

1. 观察层流、湍流的流态及其转换特征。
2. 测定临界雷诺数,掌握圆管流态判别准则。
3. 学习古典流体力学中应用无量纲参数进行实验研究的方法,并了解其实用意义。

二、实验原理

流体有层流和湍流两种不同的形态。当流体流速较小时,流体质点只沿流动方向运动,与其周围流体间无宏观的混合,即分层流动,这种流动形态称为层流。流体流速增大到某个值后,流体质点除在流动方向上的流动外,还向其他方向做随机的运动,即存在流体质点的不规则脉动,这种流动形态称为湍流。

在雷诺实验装置中,通过有色液体质点的运动,可以将两种流态的运动特征的根本区别清晰地反映出来。实验开始时,使水流以较小的流速在管中流动,这时可以看到有色水几乎成直线流动,而不与周围的水流相混,如图 4-1(a)所示。表明流体质点保持其原有运行形态而不相互影响,此时的流动形态称为层流;然后,增加水流量,流速相应增大,可观察到有色水的流动形态逐渐从直线过渡至曲线,即质点轨迹开始变得弯曲、动荡,但仍能保持线状,如图 4-1(b)所示。表明此时流体质点之间开始相互影响,但程度较弱,意味着流动形态已经到达了某种界限。继续增大管道内水流量,流速亦继续增大,当增大到一定数值后,有色水不再保持线状,而是与管内水相互剧烈掺混并最终分散到整个过流断面,如图 4-1(c)所示。说明流体质点的运动轨迹已极为混乱,此时的运动形态称为湍流。

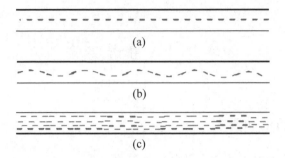

图 4-1　雷诺实验现象

　　层流遵循牛顿内摩擦定律，其能量损失与流速的一次方成正比。湍流受黏性和湍动共同作用，其阻力比层流大得多。湍流能量损失与流速的 1.75～2 次方成正比。具体流动是湍流还是层流，可根据雷诺数 Re 进行判别，其物理意义可表示为惯性力和黏滞力之比。Re 计算公式为

$$Re = \frac{vd}{\upsilon} = \frac{4Q}{\pi d\upsilon} = KQ \tag{4-1}$$

$$K = \frac{4}{\pi d\upsilon} \tag{4-2}$$

式中：v——流体流速（10^{-2} m/s）；

　　　　υ——流体黏度（10^{-6} m^2/s）；

　　　　d——圆管直径（10^{-2} m）；

　　　　Q——圆管内过流流量（10^{-6} m^3/s）。

　　雷诺曾用多种不同管径和不同液体进行实验，发现临界流速 v_c 随管径 d 和流体黏度 υ 的变化而变化，但 $\dfrac{v_c d}{\upsilon}$ 值却较为固定，即

$$Re_c = \frac{v_c d}{\upsilon} \tag{4-3}$$

　　由于临界流速有两个，所以对应的临界雷诺数也有两个。当流量由大逐渐减小，产生一个下临界雷诺数 Re_c；当流量由零逐渐增大，产生一个上临界雷诺数 $Re_c{}'$。上临界雷诺数 $Re_c{}'$ 受外界干扰，数值不稳定，而下临界雷诺数 Re_c 比较稳定，雷诺经反复测试，测得圆管水流下临界雷诺数 Re_c 值为 2320。因此，一般以下临界雷诺数 Re_c 作为判别流态的标准。当 $Re < Re_c = 2320$ 时，管中液流为层流；当 $Re > Re_c = 2320$ 时，管中液流为湍流。

三、实验装置

1. 实验装置示意图(如图 4-2 所示)

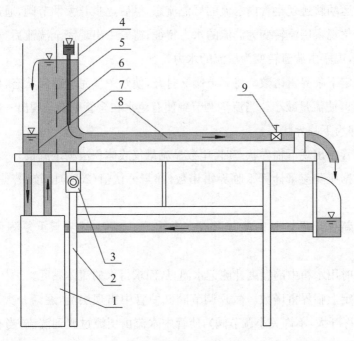

1.自循环供水器　2.实验台　3.可控硅无级调速器　4.恒压水箱　5.有色水水管　6.稳水孔板
7.溢流板　8.实验管道　9.实验流量调节阀

图 4-2　雷诺实验装置示意

2. 说明

(1)供水流量由可控硅无级调速器 3 调控,使恒压水箱 4 始终保持微溢流的程度,以提高进口前水体稳定度。恒压水箱设有多道稳水孔板 6,可使稳水时间缩短 3~5min。

(2)有色水经有色水水管 5 注入实验管道 8,可根据有色水散开与否判别流态。为防止自循环水污染,有色水采用自行消色的专用色水。

(3)实验流量由调节阀 9 调节。水温由数显温度计测量并显示。流量测量可另行配备数显流量仪或采用体积法(或重量法)测定。

四、实验方法与步骤

1.熟悉实验仪器各部分名称、结构特征、作用性能。

2. 记录各常数，包括管径 d 和水温 T 等。

3. 观察两种流态。打开调速器开关 3 使水箱充水至溢流水位，经稳定后，微微开启调节阀 9，并将有色水注入实验管内，使有色水流成一条直线。通过有色水质点的运动轨迹观察管内水流的层流流态，然后逐步开大调节阀，通过有色水直线的变化观察层流转变为湍流的水力特征，待管中出现完全湍流后，再逐步关小调节阀，观察由湍流转变为层流的水力特征。

4. 测定下临界雷诺数。将调节阀 9 打开，使管中呈完全湍流状态，再逐步关小调节阀 9，使流量减小。当流量调节到使有色水在全管中刚呈现出一条稳定的直线时，即为下临界状态。

5. 待管中出现下临界状态时，用数显流量仪或体积法测定流量。

6. 根据所测流量计算下临界雷诺数，并与公认值(2320)比较，若偏离过大，则需重测。

7. 重新打开调节阀 9，使其形成完全湍流，按照上述步骤重复测量不少于 3 次。

8. 同时用水箱中的温度计测记水温，从而求得水的流体黏度。

9. 测定上临界雷诺数。微开调节阀 9 使管中出现层流，逐渐开大调节阀 9 (注意，只许开大，不许关小调节阀)，使管中水流由层流过渡到湍流，当有色水线刚开始散开时，即为上临界状态。根据实验测定上临界雷诺数 1～2 次，上临界雷诺数实测值在 3000～5000 范围内，这与操作快慢、水箱湍动及外界干扰等因素密切相关。在实际水流中，干扰总是存在的，故上临界雷诺数为不定值，无实际意义。

10. 实验结束，进行成果分析。

五、注意事项

1. 每调节阀门一次，均需稳定几分钟。

2. 关小阀门过程中，只许减小，不许开大。

3. 随出水流量减小，应适当调小开关，以减小溢流量引发的扰动。

4. 实验中不要推、压实验台，以防水体受到扰动。

六、数据记录与分析

实验数据处理、分析和讨论详见附录 4。

实验 5　文丘里流量计实验

一、实验目的和要求

1. 了解文丘里流量计的构造、原理和适用条件,率定流量系数 μ。

2. 掌握文丘里流量计测量管道流量的方法和应用气—水多管压差计测量压差的方法。

3. 了解应用量纲分析与实验结合研究水力学问题的途径,进而掌握文丘里流量计的水力特性。

二、实验原理

根据流体连续性方程,若求得任一断面的流速,乘以断面面积后,便可求得流量。文丘里流量计是在管道中常用的流量计,它包括收缩段、喉管段和扩散段三部分。由于喉管段断面收缩,平均流速加大,动能变大,势能减小,造成收缩段前后断面压强不同而产生水头差 Δh。其结构如图 5-1 所示。

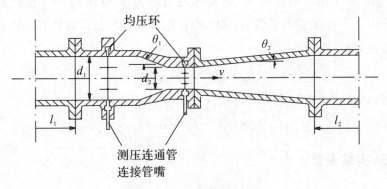

图 5-1　文丘里流量计原理

通常要求管径比 d_2/d_1 为 0.25~0.75,常取 $d_2/d_1=0.5$;且要求文丘里流量计上游 l_1 在 10 倍管径 d_1 以内,下游 l_2 在 6 倍管径 d_1 以内,在测量断面上设有多个测压孔和均压环,均为顺直管段,以免水流产生漩涡而影响其流量系数。已知文丘里管前断面及喉管处的面积分别为 A_1、A_2，只需测得这两处流速 v 便可求得流量 Q'。因此，可根据伯努利方程和连续性方程求解。取管轴线为基线，不计阻力作用时，有以下方程：

$$0+\frac{p_1}{\rho g}+\frac{v_1^2}{2g}=0+\frac{p_2}{\rho g}+\frac{v_2^2}{2g} \tag{5-1}$$

$$Q'=A_1 v_1=A_2 v_2 \tag{5-2}$$

由式(5-1)、式(5-2)可解得

$$v_1=\frac{\sqrt{2g\Delta h}}{\sqrt{\left(\dfrac{d_1}{d_2}\right)^4-1}} \tag{5-3}$$

因此，

$$Q'=\frac{\pi}{4}d_1^2 \cdot \frac{\sqrt{2g\Delta h}}{\sqrt{\left(\dfrac{d_1}{d_2}\right)^4-1}}=K\sqrt{\Delta h} \tag{5-4}$$

$$K=\frac{\pi}{4}d_1^2 \cdot \frac{\sqrt{2g}}{\sqrt{\left(\dfrac{d_1}{d_2}\right)^4-1}} \tag{5-5}$$

式中：Δh——两断面测压管水头差；

$\quad\quad K$——文丘里流量计常数。

然而，由于阻力的存在，因此实际通过的流量 Q 恒小于实验所测流量 Q'。今引入一个无量纲系数 $\mu=Q/Q'$（μ 称为流量系数），对计算所得流量值进行修正，即

$$Q=\mu Q'=\mu K\sqrt{\Delta h} \tag{5-6}$$

另，由静水力学基本方程可得气—水多管压差计的 Δh 为

$$\Delta h=h_1-h_2+h_3-h_4 \tag{5-7}$$

三、实验装置

1. 实验装置示意图（如图 5-2 所示）

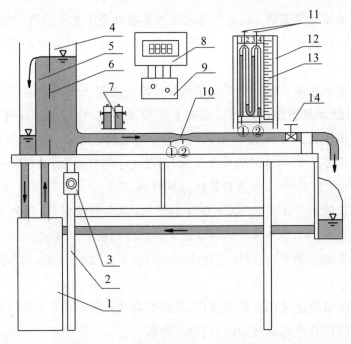

1.自循环供水器　2.实验台　3.可控硅无极调速器　4.恒压水箱　5.溢流板　6.稳水孔板
7.稳压筒　8.数显流量仪　9.传感器　10.文丘里流量计　11.压差计气阀　12.压差计
13.滑动测量尺　14.实验流量调节阀

图 5-2　文丘里流量计实验装置示意

2.说明

(1)实验装置由实验台、自循环供水系统、回水系统、文丘里管等组成,其中,文丘里管由收缩段、喉管段和扩散段组成。在收缩段和喉管段上开有测压孔,并与测压管连通。

(2)数显流量仪的使用方法可参见伯努利方程实验。若不具备数显流量仪,则可用体积法(或重量法)测定流量。

四、实验方法与步骤

1.熟悉实验仪器各部分名称、结构特征、作用性能。

2.记录各常数,包括管径 d_1、喉管 d_2、水箱液面标尺值 ∇_0、管道轴线高程标尺值 ∇_1 和水温 T 等。

3.排气校零。打开电源开关,使水箱充水,待水箱溢流,间歇性全开、全关数次管道流量调节阀 14,直至连通管及实验管道中无气泡滞留即可,检核测压管液面读数 $h_1-h_2+h_3-h_4$ 是否为 0,若不为 0,则需查明原因并予以排除。

4. 调节多管测压计。全开调节阀 14,检查各测压管液面是否都处在滑动测量尺 13 读数范围内,若否,则按下列步序调节:拧开压差计气阀 11,将清水注入测压管 2、测压管 3,待各测压管中液位稳定后,$h_2=h_3\approx24\times10^{-2}$ m,打开电源开关充水,待连通管中无气泡,逐渐关小调节阀 14,并调调速器 3,至 $h_1=h_2\approx28.5\times10^{-2}$ m,急速拧紧压差计气阀 11。

5. 测量测压管水头差 Δh。全开调节阀,待水流稳定后,读取各测压管液面的读数 h_1、h_2、h_3、h_4,并用数显流量仪或体积法测定流量。

6. 逐次关小调节阀,改变流量 7～9 次,重复步骤 5(注意,调节阀门时应缓慢)。

7. 把测量值记录在实验表格内,并进行有关计算。

8. 如测压管内液面波动时,应取平均值。

9. 实验结束,需按步骤 3 校核压差计是否回零。

10. 实验结束,进行成果分析。

五、注意事项

1. 每次改变流量,必须待水流稳定(3～5min),方能进行实验测量。

2. 当管内流量较大,测压管水面波动时,应取波动水面最高与最低读数的平均值作为该次读数。

3. 文丘里流量计喉管处容易产生真空,最大允许通过流量受真空度限制,一般最大允许真空度为 6～7mH$_2$O,否则易造成空化与空蚀破坏。工程上应用文丘里流量计时,应检验其最大真空度是否在允许范围之内。

六、数据记录与分析

实验数据处理、分析和讨论详见附录 5。

实验 6　沿程水头损失实验

一、实验目的和要求

1. 了解圆管恒定流动的水头损失规律和沿程水头损失系数 λ 随雷诺数 Re 变化的规律,验证沿程水头损失 h_f 与平均流速 v 的关系。

2. 掌握管道沿程阻力系数的测量技术和应用气—水压差计及电测仪测量压差的方法。

3. 将测得的 $Re \sim \lambda$ 关系值与莫迪图对比,分析其合理性,进一步提高实验成果分析能力。

二、实验原理

黏性流体的伯努利方程指出,流体运动过程中存在能量损失。黏性的存在使得各流层之间产生阻力,流体克服阻力做功,机械能因此而损失。边界形状和尺寸沿程不变或缓慢变化时的水头损失称为沿程水头损失,以 h_f 表示。

如图 6-1 所示,取断面 1 和断面 2 之间的液体流段进行分析,长度为 l。断面 1 和断面 2 的形心到 $0-0$ 基准面的铅锤距离为 z_1 和 z_2。形心上的动水压强为 p_1 和 p_2。流束表面的切应力为 τ。等径管道流速相等,即速度水头相等。因此,对此管流应用伯努利方程可得式(6-1),即等径管道中的沿程损失等于上下两断面之间的测压管水头差。

$$h_f = \left(z_1 + \frac{p_1}{\rho g} \right) - \left(z_2 + \frac{p_2}{\rho g} \right) \tag{6-1}$$

式中:h_f——两过水断面之间的沿程水头,即测压管水头差 Δh;

$\left(z_i + \dfrac{p_i}{\rho g} \right)$——过水断面测压管水头。

由达西公式

$$h_f = \lambda \frac{l}{d} \cdot \frac{v^2}{2g} \tag{6-2}$$

式中:λ——沿程水头损失系数;

l——上下游测量断面之间的管段长度；

d——管道直径；

v——断面平均流速。

得

$$\lambda = \frac{2gdh_f}{l} \cdot \frac{1}{v^2} = \frac{2gdh_f}{l} \cdot \left(\frac{\pi d^2}{4Q}\right)^2 = K\frac{h_f}{Q^2} \qquad (6\text{-}3)$$

$$K = \frac{\pi^2 g d^5}{8l} \qquad (6\text{-}4)$$

另由伯努利方程对水平等直径圆管可得

$$h_f = \frac{p_1 - p_2}{\rho g} \qquad (6\text{-}5)$$

压差可用压差计或电测仪测量。对于多管式水银压差有下列关系：

$$h_f = \frac{p_1 - p_2}{\gamma_w} = \left(\frac{\gamma_m}{\gamma_w} - 1\right) \cdot (h_2 - h_1 + h_4 - h_3) = 12.6\Delta h_m \qquad (6\text{-}6)$$

$$\Delta h_m = h_2 - h_1 + h_4 - h_3 \qquad (6\text{-}7)$$

式中：Δh_m——汞柱总差；

γ_m、γ_w——水银和水的容重。

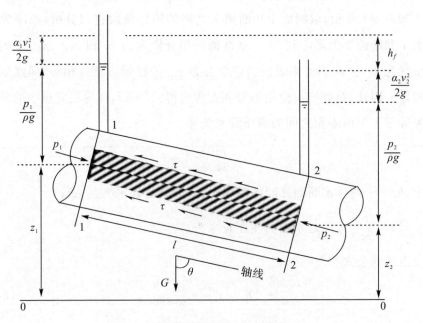

图 6-1 等径管道中恒定水流的受力分析

三、实验装置

1. 实验装置示意图(如图 6-2 所示)

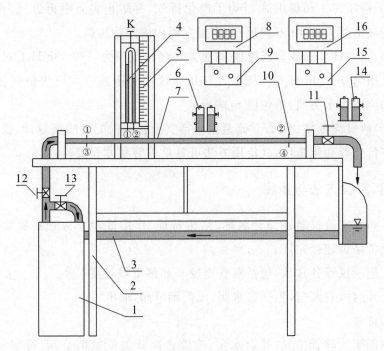

1. 自循环高压恒定全自动供水器　2. 实验台　3. 回水管　4. 压差计　5. 滑动测量尺
6. 稳压筒1　7. 实验管道　8. 数显压差仪　9. 压差传感器　10. 测压点　11. 实验流量调节阀　12. 供水管及供水阀　13. 旁通管与旁通阀　14. 稳压筒2　15. 流量传感器　16. 数显流量仪

图 6-2　沿程水头损失实验装置示意

2. 说明

(1)自循环高压恒定全自动供水器 1:自循环高压恒定全自动供水器由离心泵、自动压力开关、气—水压力罐式稳压器等组成。压力过高时能自动关机,过低时能自动开机。为避免因水泵直接向实验管道供水而造成的压力波动等影响,离心泵的输水先进入稳压器的压力罐,经稳压后再送向实验管道。

(2)旁通管与旁通阀 13:由于本实验装置所采用水泵的特性,在供小流量时有可能时开时关,从而造成供水压力波动较大。为避免此情况的出现,供水器设有与蓄水箱直通的旁通管,通过旁通管分流可使水泵持续稳定运行。旁通管中设有调节分流量至蓄水箱的阀门,即旁通阀,实验流量随旁通阀开度减小(分流量减小)而增大。实际上,旁通阀是本装置用于调节流量的重要阀门之一。

(3)稳压筒1和稳压筒2:为了简化排气,并防止实验中再进气,在传感器前连接由两只充水(不满顶)的密封立筒构成的稳压筒。

(4)压差计4和数显压差仪8:压差计测量范围为0~0.3mH₂O;压差仪测量范围为0~10mH₂O。压差计与压差仪所测压差值均可等值转换为两测点的测压管水头差,单位以 m 表示。

(5)数显流量仪16:数显流量仪包括实验管道内配套的流量计、稳压筒、高精密传感器和流量仪,其使用方法可参见伯努利方程实验。

四、实验方法与步骤

1.熟悉实验仪器各部分名称、结构特征、作用性能。检查实验装置,看实验设备是否连接完好。

2.记录仪器各常数,包括圆管直径 d 和测量段长度 l 等。

3.开启所有阀门,包括进水阀、流量调节阀,通电。

4.排气。

测压架端软管排气:开启水泵,连续数次开关流量调节阀,待水从测压架中经过即可。排气完毕,关闭流量调节阀。若测压管内水柱过高,则可关闭流量调节阀,关闭水泵,打开测压架顶部放气阀,①、②号管水柱降落至测压计中间位置,拧紧测压计顶部的放气阀,开启水泵即可。

传感器端软管排气:关闭流量调节阀,打开连接传感器的调压筒两侧排气阀,调压筒内水位超过最低水位线,连接软管内再无气泡,关闭排气阀,打开进水阀,排气完成。

5.关闭流量调节阀,观察测压架内两水柱是否齐平,若不平,则应查明原因并予以排除;若齐平,则实验准备完成,可以开始实验。

6.层流实验:

(1)排气完成后,打开进水阀,微开流量调节阀,当实验管道两点压差小于 0.02(夏天)~0.03(冬天)mH₂O 时,管道内呈层流状态,待压力稳定,即可测量流量、温度、测压管内压差。

(2)改变流量3~5次,重复上述步骤。其中第一次实验压差 $\Delta H =$

$(0.5\sim0.8)\times10^{-2}$m,逐次增加 $\Delta H=(0.3\sim0.5)\times10^{-2}$m。

7.湍流实验:

(1)关闭流量调节阀,将电测仪读数(管道两测点压差)调零。

(2)夹紧测压架两端夹子,防止水流经测压架。

(3)全开进水阀,适当开大流量调节阀开度,增大实验管道内流量,待流量稳定之后,测量流量、温度并记录电测仪读数(即实验管道两测点压差)。

(4)改变流量 3~5 次,重复上述步骤。基本上每次减小压差 $\Delta H=1.0\sim1.5$m。

8.实验结束,进行成果分析。

五、注意事项

1.调压筒上部连接软管严禁进水,否则会造成电测仪失效。

2.实验装置长期静置不用后再启动时,需在切断电源后,先用螺丝刀顶住电动机轴端,将电机轴转动几圈后方可通电启动。

3.小流量下电测压差计、电测仪无效,压差由数显压差仪读取、流量采用体积法测量。

4.层流阶段实验管道内温度与水箱内不一致,温度感应头应放置于回水漏斗内。

5.测压架两端夹子务必夹紧,否则水流经测压计,测得流量值大于管道内实际流量值。

六、数据记录与分析

实验数据处理、分析和讨论详见附录6。

实验7 局部水头损失实验

一、实验目的和要求

1.掌握三点法、四点法测量局部阻力系数的技能。

2.通过对圆管突扩的表达公式和突缩局部阻力系数的经验公式的实验验证与分析,熟悉用理论分析方法和经验法建立函数式的途径。

3.通过局部阻力系数测量实验,加深对局部阻力损失机理的理解。

二、实验原理

流体在流动的局部区域,如流体流经管道的突扩、突缩和闸门等处,由于固体边界的急剧改变而引起速度分布的变化,甚至使主流脱离边界,形成旋涡区,从而产生的阻力称为局部阻力。由于局部阻力做功而引起的水头损失称为局部水头损失,用 h_j 表示。局部水头损失是指在一段流程上,甚至相当长的一段流程上完成的。如图 7-1 所示,断面 1 至断面 2,这段流程上的总水头损失包含局部水头损失和沿程水头损失。因此,可写出局部阻力前后断面的伯努利方程,根据推导条件,扣除沿程水头损失即可求出局部水头损失。

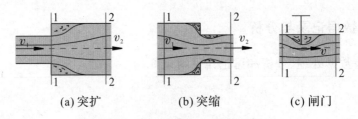

(a) 突扩   (b) 突缩   (c) 闸门

图 7-1　流体流经管道的局部水头损失

1. 突扩断面

三点法计算:如图 7-2 所示,即测压点①、测压点②、测压点③之间,测压点①和②间距为测压点②和③间距的一半,h_{f1-2} 按流程长度比例换算得出

$$h_{f1-2}=\frac{h_{f2-3}}{2}$$

根据实测,建立 1—1 断面、2—2 断面的伯努利方程:

$$z_1+\frac{p_1}{\rho g}+\frac{\alpha v_1{}^2}{2g}=z_2+\frac{p_2}{\rho g}+\frac{\alpha v_2{}^2}{2g}+h_j+h_{f1-2} \qquad (7\text{-}1)$$

即

$$h_j=\left[\left(z_1+\frac{p_1}{\rho g}\right)+\frac{\alpha v_1{}^2}{2g}\right]-\left[\left(z_2+\frac{p_2}{\rho g}\right)+\frac{\alpha v_2{}^2}{2g}+h_{f1-2}\right] \qquad (7\text{-}2a)$$

或

$$h_j=\left(h_1+\frac{\alpha v_1{}^2}{2g}\right)-\left(h_2+\frac{\alpha v_2{}^2}{2g}+\frac{h_2-h_3}{2}\right)=E_1-E_2 \qquad (7\text{-}2b)$$

式(7-2b)中,E_1,E_2 分别代表式(7-2a)和式(7-2b)中的前、后括号项。

因此,只要测得前三个测压点的测压管水头值 h_1、h_2、h_3 及流量,即可求得突扩管段局部阻力水头损失。

若突扩段局部阻力系数 ζ 用上游流速 v_1 表示,则为

$$\zeta=\frac{h_j}{\alpha v_1{}^2/(2g)} \qquad (7\text{-}3)$$

对应管段突扩段理论公式为

$$\zeta'=\left(1-\frac{A_1}{A_2}\right)^2 \qquad (7\text{-}4)$$

式(7-4)中,A_1 和 A_2 为 1—1 断面和 2—2 断面的面积。

2. 突缩断面

四点法计算:四点法是在突然缩小管段上布设四个测压点,如图 7-2 所示,B 点为突缩点,测压点③、④、⑤、⑥之间,④、B 点间距为③、④点间距的 $1/2$,B、⑤点间距与⑤、⑥点间距相等。图中断面处,h_{f4-B} 由 h_{f3-4} 按流程长度比例换算得出,h_{fB-5} 由 h_{f5-6} 按流程长度比例换算得出:

$$h_{f4-B}=h_{f3-4}/2=\Delta h_{3-4}/2 \qquad (7\text{-}5)$$

$$h_{fB-5}=h_{f5-6}=\Delta h_{5-6} \qquad (7\text{-}6)$$

根据实测,建立 B 点突缩前后两断面的伯努利方程:

$$z_4+\frac{p_4}{\rho g}+\frac{\alpha v_4{}^2}{2g}-h_{f4-B}=z_5+\frac{p_5}{\rho g}+\frac{\alpha v_5{}^2}{2g}+h_{fB-5}+h_j \qquad (7\text{-}7)$$

即

$$h_j=\left[\left(z_4+\frac{p_4}{\rho g}\right)+\frac{\alpha v_4{}^2}{2g}-h_{f4-B}\right]-\left[\left(z_5+\frac{p_5}{\rho g}\right)+\frac{\alpha v_5{}^2}{2g}+h_{fB-5}\right] \qquad (7\text{-}8a)$$

或

$$h_j=\left(h_4+\frac{\alpha v_4{}^2}{2g}-\frac{\Delta h_{3-4}}{2}\right)-\left(h_5+\frac{\alpha v_5{}^2}{2g}+\Delta h_{5-6}\right)=E_1-E_2 \qquad (7\text{-}8b)$$

式中,E_1,E_2 分别代表式(7-8a)和式(7-8b)中的前、后括号项。

因此,只要测得四个测压点的测压管水头值 h_3、h_4、h_5、h_6 及流量,即可求得突缩管段局部阻力水头损失。

若突缩段局部阻力系数 ζ 用下游流速 v_5 表示,则为

$$\zeta = \frac{h_j}{\alpha\, v_5^2/(2g)} \tag{7-9}$$

对应管段突缩段理论公式为

$$\zeta' = 0.5\left(1 - \frac{A_5}{A_4}\right) \tag{7-10}$$

利用实验值与理论值做比较即可得出实验精度。

三、实验装置

1. 实验装置示意图(如图 7-2 所示)

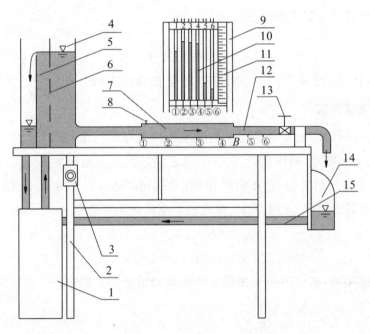

1.自循环供水器　2.实验台　3.可控硅无级调速器　4.恒压水箱　5.溢流板　6.稳水孔板
7.突扩实验管段　8.气阀　9.测压计　10.测压管①～⑥　11.滑动测量尺　12.突缩实验管段　13.实验流量调节阀　14.回流接水斗　15.下回水管

图 7-2　局部水头损头实验装置示意

2. 说明

(1)实验管道由小→大→小三段已知管径的管道组成,共设有 6 个测压孔,测压点①～③和③～⑥分别用以测量突扩和突缩的局部阻力系数。其中,测压点①位于突扩的起始界面处,用以测量小管出口端中心处的压强值。

(2)流量测量可另配备数显流量仪或用体积法(或重量法)测定。

四、实验方法与步骤

1. 熟悉仪器各部分名称、结构特征、作用性能。

2. 记录仪器各常数,包括实验管段直径 d_1、d_2、d_3、d_4、d_5 和 d_6;实验管段长度 l_{1-2}、l_{2-3}、l_{3-4}、l_{4-B}、l_{B-5} 和 l_{5-6} 等。

3. 打开电子调速器开关,使恒压水箱充水,排除实验管道中的滞留气体。待水箱溢流后,检查流量调节阀全关时,各测压管液面是否齐平,若不平,则需排气调平。

4. 打开流量调节阀至最大开度,待流量稳定后,记录测压管读数,同时,用数显流量仪或体积法测流量。

5. 改变流量调节阀开度 3～4 次,分别记录测压管读数及流量。

6. 实验完成后,关闭流量调节阀,检查测压管液面是否齐平?若不平,则需重做。

7. 实验结束,进行成果分析。

五、注意事项

1. 每次改变流量后,要等测压管水位稳定后,再读数。

2. 注意突扩前后的断面应选正确位置。

3. 恒压水箱内水位要求始终保持在溢流状态,确保水头恒定。

六、数据记录与分析

实验数据处理、分析和讨论详见附录 7。

实验 8　孔口与管嘴出流实验

一、实验目的和要求

1. 掌握孔口与管嘴出流的流速系数、流量系数、侧收缩系数、局部阻力系数及圆柱形管嘴内的局部真空度的测量技能。

2. 通过对不同管嘴与孔口的流量系数测量分析,了解进口形状对出流能力的影响以及相关水力要素对孔口出流能力的影响。

二、实验原理

在容器壁上开孔,流体经过孔口流出的流动现象称为孔口出流,当孔口直径 $d \ll 0.1H$(H 为孔口作用水头)时,称为薄壁圆形小孔口出流。在孔口周界上连接一长度约为孔口直径 $3 \sim 4$ 倍的短管,这样的短管称为外管嘴。流体流经该短管,并在出口断面形成满管流的流动现象叫作管嘴出流。

各管嘴和孔口结构如图 8-1 所示。因各种管嘴和孔口的形状不同,过流阻力也不同,从而导致出流的流股形态也不同。例如,圆角进口管嘴出流水柱为光滑圆柱,直角进口管嘴出流水柱为圆柱形麻花状扭变,圆锥形管嘴出流水柱为光滑圆柱,孔口则为具有侧收缩的光滑圆柱。根据理论分析,直角进口圆柱形外管嘴收缩断面处的真空度为:$h_v = \dfrac{p}{\rho g} = 0.75H$,真空度的存在相当于提高了管嘴的作用水头。因此,管嘴的过水能力比相同尺寸和作用水头的孔口大 32%。

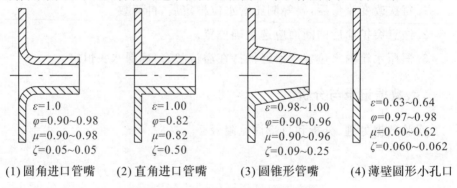

(1)圆角进口管嘴	(2)直角进口管嘴	(3)圆锥形管嘴	(4)薄壁圆形小孔口
$\varepsilon=1.0$	$\varepsilon=1.00$	$\varepsilon=0.98 \sim 1.00$	$\varepsilon=0.63 \sim 0.64$
$\varphi=0.90 \sim 0.98$	$\varphi=0.82$	$\varphi=0.90 \sim 0.96$	$\varphi=0.97 \sim 0.98$
$\mu=0.90 \sim 0.98$	$\mu=0.82$	$\mu=0.90 \sim 0.96$	$\mu=0.60 \sim 0.62$
$\zeta=0.05 \sim 0.05$	$\zeta=0.50$	$\zeta=0.09 \sim 0.25$	$\zeta=0.060 \sim 0.062$

图 8-1　孔口和管嘴结构剖面示意

在恒压水头 H_0 作用下,应用伯努利方程,可得薄壁小孔口(或管嘴)自由出流时的流量计算公式:

$$Q = \varphi\varepsilon A \sqrt{2gH_0} = \mu A \sqrt{2gH_0} \qquad (8\text{-}1)$$

式中:$H_0 = H + \dfrac{\alpha v_0^2}{2g}$,一般因行近流速水头 $\dfrac{\alpha v_0^2}{2g}$ 很小,可忽略不计,所以 $H_0 = H$。

流量系数 μ:
$$\mu = \frac{Q}{A\sqrt{2gH_0}} \qquad (8\text{-}2)$$

收缩系数 ε:
$$\varepsilon = \frac{A_c}{A} = \frac{d_c^2}{d^2} \qquad (8\text{-}3)$$

流速系数 φ:
$$\varphi = \frac{1}{\sqrt{1+\zeta}} = \frac{\mu}{\varepsilon} \qquad (8\text{-}4)$$

局部阻力系数 ζ:
$$\zeta = \frac{1}{\varphi^2} - \alpha \qquad (8\text{-}5)$$

动能修正系数 α 可近似取 1.0。

实验时,只要测出孔口及管嘴的位置高程和收缩断面直径,读出作用水头 H,测出流量,就可测定、验证上述各系数。

三、实验装置

1. 实验装置示意图(如图 8-2 所示)

2. 说明

(1)孔口与管嘴均位于水箱的侧壁上。恒压水箱内设有溢流板以保持水头恒定,设有稳水孔板以保证水流均匀。在直角进口管嘴收缩断面处设测压管以观察真空现象并测量真空度。用标尺测量工作水头,采用游标卡尺测量孔口射流收缩直径。

(2)流量测量采用数显流量仪,其使用方法可参见伯努利方程实验。若不具备数显流量仪,则可用体积法或重量法测量。

四、实验方法与步骤

1.熟悉仪器各部分名称、结构特征、作用性能。各孔口管嘴用橡皮塞塞紧。

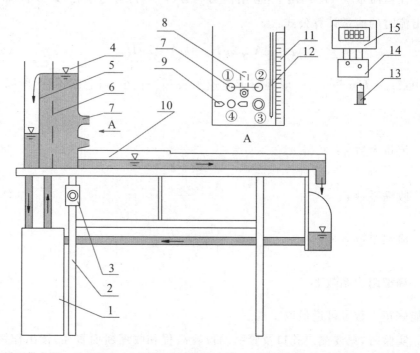

1.自循环供水器　2.实验台　3.可控硅无级调速器　4.恒压水箱　5.溢流板　6.稳水孔板
7.孔口管嘴(其图内小标号①圆角进口管嘴,②直角进口管嘴,③圆锥形管嘴,④孔口)
8.防溅旋板　9.测量孔口射流收缩直径的移动触头　10.上回水槽　11.标尺　12.测压管
13.内置式稳压筒　14.传感器　15.数显流量仪

图 8-2　孔口与管嘴出流实验装置示意

2.记录仪器各常数,包括孔口管嘴直径及高程,具体为圆角进口管嘴 d_1、直角进口管嘴 d_2、圆锥形管嘴 d_3 和孔口 d_4;出口高程 z_1、z_2、z_3、z_4 等。

3.打开调速器开关,使恒压水箱充水,至溢流后,再打开①圆角进口管嘴,待水面稳定后,测记水箱水面高程标尺读数 H_1,用数显流量仪或体积法测定流量 Q(要求重复测量 3 次,以求准确),测量完毕,先旋转水箱内的旋板,将①管嘴进口盖好,再塞紧橡皮塞。

4.依照上述方法,打开②直角进口管嘴,测记水箱水面高程标尺读数 H_1 及流量 Q,观察和测量直角进口管嘴出流时的真空情况。

5.依次打开③圆锥形管嘴,测定 H_1 及 Q。

6.打开④孔口,观察孔口出流现象,测定 H_1 及 Q,并按下述注意事项 2 的方法测记孔口收缩断面的直径(重复测量 3 次)。然后改变孔口出流的作用水头(可减少进口流量),观察孔口收缩断面直径随水头变化的情况。

7.关闭调速器开关,清理实验台及场地。

8.实验结束,进行成果分析。

五、注意事项

1.实验次序先管嘴后孔口,在每次塞紧橡皮塞前,先用防溅旋板将进口盖住,以免水花溅开。

2.测量收缩断面直径,可用孔口两边的移动触头。先松动螺丝,然后移动一边触头将其与水股切向接触,并旋紧螺丝,再移动另一边触头,使之切向接触,并旋紧螺丝,接着将防溅旋板开关沿顺时针方向关闭孔口,最后用卡尺测量触头间距,即为射流直径。

3.关闭孔口时,防溅旋板的旋转方向应为顺时针,否则易溅出水花。

4.实验时将防溅旋板置于不工作的孔口(或管嘴)上,尽量减少防溅旋板对工作孔口、管嘴的干扰。

5.进行以上实验时,注意观察各出流的流股形态,并做好记录。

六、数据记录与分析

实验数据处理、分析和讨论详见附录8。

实验 9 毕托管测速与修正系数标定实验

一、实验目的和要求

1.通过对管嘴淹没出流点流速及点流速系数的测量,掌握用毕托管测量点流速的技能。

2.了解毕托管的构造和适用性,并检验其测量精度。

3.了解管嘴淹没出流的流速分布及流速系数的变化规律。

二、实验原理

由伯努利方程可知,流体在流动过程中所具有的各种机械能(重力势能、压力势能和动能)可以相互转化。若水流流动过程中上游存在高低水位差,则此水位差的势能可转换成水流动能,此时可用毕托管测出其点流速值。毕托管结构形状如图 9-1 所示,其具有结构简单、使用方便、测量精度高、稳定性好等优点,应用广泛。测量范围水流为 $0.2\sim2\mathrm{m/s}$,气流为 $1\sim60\mathrm{m/s}$。

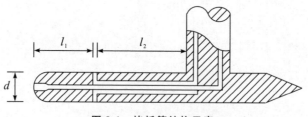

图 9-1 毕托管结构示意

毕托管测速原理如图 9-2 所示,它是一根两端开口的 90°弯针管,一端垂直指向上游,另一端竖直,并与大气相通。沿流线取相近两点 A、B,点 A 在未受毕托管干扰处,流速为 u,点 B 在毕托管管口驻点处,流速为 0。流体质点自点 A 流到点 B,其动能转化为势能,使竖管液面升高,超出静压强为 Δh 水柱高度。列沿流线的伯努利方程,忽略 A、B 两点间的能量损失,有

$$0+\frac{p_1}{\rho g}+\frac{u^2}{2g}=0+\frac{p_2}{\rho g}+0 \tag{9-1}$$

即

$$\frac{p_2}{\rho g}-\frac{p_1}{\rho g}=\Delta h \tag{9-2}$$

由此得

$$u=\sqrt{2g\Delta h} \tag{9-3}$$

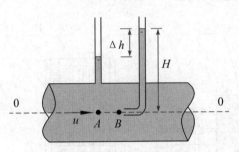

图 9-2　毕托管测速原理

考虑到水头损失及毕托管在生产中的加工误差,由式(9-3)得出的流速需加以修正。因此,毕托管测速公式为

$$u=c\sqrt{2g\Delta h}=k\sqrt{\Delta h} \tag{9-4}$$

即

$$k=c\sqrt{2g} \tag{9-5}$$

式中:u——毕托管测压点处的点流速;

c——毕托管的修正系数,简称毕托管系数;

Δh——毕托管全压水头与静压水头之差。

另外,对于管嘴淹没出流,管嘴作用水头、流速系数与流速之间又存在着如下关系:

$$u=\varphi'\sqrt{2g\Delta H} \tag{9-6}$$

式中:u——测压点处的点流速;

φ'——测压点处的点流速系数;

ΔH——管嘴的作用水头。

联解式(9-4)、式(9-5)和式(9-6)得

$$\varphi'=c\sqrt{\Delta h/\Delta H} \tag{9-7}$$

故本实验只要测出 Δh 与 ΔH,便可测得点流速系数 φ',与实际流速系数(经验值 $\varphi'=0.995$)比较,便可得出测量精度。

若需标定毕托管系数 c,则有

$$c = \varphi' \sqrt{\Delta H / \Delta h} \tag{9-8}$$

三、实验装置

1. 实验装置示意图(如图9-3所示)

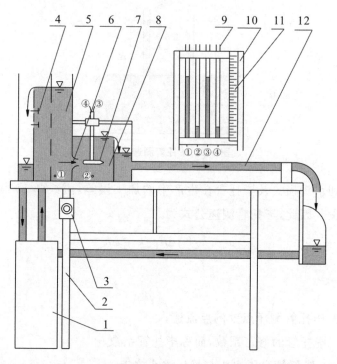

1. 自循环供水器 2. 实验台 3. 可控硅无级调速器 4. 水位调节阀 5. 恒压水箱与测压点①
6. 管嘴 7. 毕托管及其测压点③、④ 8. 尾水箱与测压点② 9. 测压管①~④ 10. 测压计
11. 滑动测量尺 12. 上回水管

图9-3 毕托管测速实验装置示意

2. 说明

(1)流量测量可另行配备数显流量仪或用体积法(或重量法)测定。

(2)测压管与测压点之间可直接连接也可通过软管连接。

(3)恒压水箱5在实验时应始终保持溢流状态,其水箱水位始终保持恒定不变。需调节工作水位时,可打开不同的水位调节阀4,以改变不同的溢流恒定水位。溢流量太大大水面不易平稳,溢流量大小可由可控硅无级调速器3调节。

(4)毕托管由导轨及卡板固定,可上下、前后改变位置。水流自高位水箱经管嘴 6 流向低位水箱,形成淹没射流,用毕托管测量淹没射流点流速值。测压计 10 的测压管①、②用以测量高、低水箱位置水头,测压管③、④用以测量毕托管的全压水头和静压水头,水位调节阀 4 用以改变测压点的流速大小。

四、实验方法与步骤

1. 熟悉实验仪器各部分名称、作用性能,熟悉构造特征和实验原理。

2. 用塑料管将上、下游水箱的测压点分别与测压计中的测压管①、②相连通。

3. 安装毕托管,测量管嘴淹没射流核心处的点流速时,将毕托管动压孔口对准管嘴中心,距离管嘴出口处 0.02~0.03m;测量射流过流断面流速分布时,毕托管前端距离管嘴出口处宜为 0.03~0.05m。毕托管与来流方向夹角不得超过 10°,拧紧固定螺丝。

4. 开启水泵:沿顺时针方向打开可控硅无级调速器 3 开关,将流量调到最大。

5. 排气:待上、下游溢流后,用吸气球(如洗耳球)放在测压管口部抽吸,排除毕托管及各连通管中的气体,用静水匣罩住毕托管,可检查测压计液面是否齐平,若液面不齐平,则可能是空气没有排尽,必须重新排气。

6. 测记毕托管修正系数 c 等各实验参数,填入实验记录表格。

7. 改变流速:操作水位调节阀 4 并相应调节可控硅无级调速器 3,使溢流流量适中,共可获得三个不同恒定水位与相应的不同流速。改变流速后,按上述方法重复测量。

8. 完成下述实验项目:

(1)分别沿垂向和沿流向改变测压点的位置,观察管嘴淹没射流的流速分布。

(2)在有压管道测量中,管道直径相对毕托管的直径在 6~10 倍时,误差为 2%~5%,不宜使用。试将毕托管头部伸入管嘴中,予以验证。

9. 实验结束,进行成果分析。

五、注意事项

1. 恒压水箱内水位要求始终保持在溢流状态,以确保水头恒定。

2. 测压管后设有平面镜,测记各测压管水头值时,要求视线与测压管液面及镜子中影像液面齐平,读数精确到 0.5×10^{-3} m。

六、数据记录与分析

实验数据处理、分析和讨论详见附录 9。

实验 10　达西渗流实验

一、实验目的和要求

1.通过测量砂样的渗透系数 K 值,掌握测量特定介质渗透系数的方法。

2.恒定流条件下进行渗流实验,通过验证渗流流量和渗透系数之间的关系,进一步验证、理解渗流基本定律——达西定律。

二、实验原理

渗流主要是指流体在多孔介质中(如土壤中)的流动,由于流体黏滞性的作用必然伴随着能量损失,因此影响流体渗流速度。法国工程师达西对砂质土壤渗流进行了大量的实验,通过实验研究总结出渗流的能量损失与渗流速度之间的基本关系,称之为达西定律。

1. 渗流水力坡度 J

如图 10-1 所示,达西实验设有一直立圆筒,筒壁装有两支相距长度为 l 的测压管,筒内均匀装砂。水经稳压水箱流入圆筒,溢水管使圆筒维持在一个恒定水位。经过砂层的渗流水经底部的排水管流入容器,计量实验时间内的渗流水体积,以此计算渗流量和相应的渗流流速。由于渗流流速很小,故流速水头可以忽略不计。因此,总水头 H 可用测压管水头 h 来表示,水头损失 h_w 可用测压管水头差来表示,则水力坡度 J 可用测压管水头坡度来表示:

$$J = \frac{h_w}{l} = \frac{h_1 - h_2}{l} = \frac{\Delta h}{l} \qquad (10\text{-}1)$$

式中:l——两测量断面之间的距离(测压点间距);

h_1 与 h_2——两个测量断面的测压管水头。

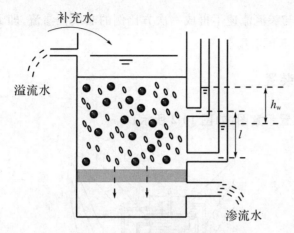

图 10-1 达西渗流实验原理图

2.达西定律

达西通过大量实验,得出渗流流量与圆筒断面面积 A 和水力坡度 J 成正比,并与土壤的透水性能有关,即

$$v = K\frac{h_w}{l} = KJ \qquad (10\text{-}2)$$

或

$$Q = KAJ \qquad (10\text{-}3)$$

式中:v——渗流断面平均流速;

K——土质透水性能的综合系数,称为渗透系数;

Q——渗流量;

A——圆筒断面面积;

h_w——水头损失。

式(10-3)即为达西定律,它表明,渗流的水力坡度,即单位距离上的水头损失与渗流流速的一次方成正比,因此也称为渗流线性定律。

3.达西定律适用范围

达西定律有一定适用范围,可以用雷诺数 $Re = \dfrac{vd_{10}}{v}$ 来表示。其中 v 为渗流断面平均流速;d_{10} 为土壤颗粒分占 10% 重量土粒所通过的筛分直径;v 为水的流体黏度。一般认为,当 $Re < (1\sim10)$ 时(如绝大多数细颗粒土壤中的渗流),达西定律是适用的。只有在砾石、卵石等大颗粒土层中渗流,才会

出现水力坡度与渗流流速不再成一次方比例的非线性渗流，即 $Re>(1\sim10)$，此时达西定律不再适用。

三、实验装置

1. 实验装置示意图（如图 10-2 所示）

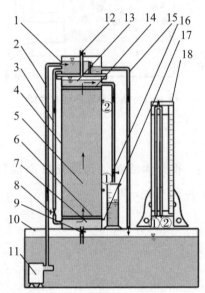

1.恒压水箱　2.供水管　3.进水管　4.试验筒　5.试验砂　6.下过滤网　7.下稳水室
8.进水阀　9.放空阀　10.蓄水箱　11.水泵　12.排气阀　13.上稳水室　14.上过滤网
15.溢流管　16.出水管与流量调节阀　17.排气嘴　18.压差计

图 10-2　达西渗流实验装置示意

2. 说明

（1）自循环供水，如图 10-2 中的箭头所示，恒定水头由恒压水箱 1 提供，水流自下而上，利于排气。试验筒 4 上口是密封的，利用出水管 16 的虹吸作用可提高试验砂 5 的作用水头。

（2）代表渗流两断面水头损失的测压管水头差用压差计 18（气—水 U 形压差计）测量，图中试验筒 4 上的测压点①、②分别与压差计 18 上的连接管嘴①、②用连通软管连接，并在两根连通软管上分别设置管夹。

（3）被测量的介质可以用天然砂，也可以用人工砂。砂土两端附有滤网，以防细砂流失。上稳水室 13 内装有玻璃球，作用是加压，以防止在渗透压力下砂柱上浮。

四、实验方法与步骤

1. 熟悉实验仪器各部分名称、结构特征、作用性能。记录各常数,包括砂筒直径 d、测压点间距 l 和 d_{10} 等。

2. 安装试验砂:拧下上水箱法兰盘螺丝,取下上恒压水箱,将干燥的试验砂分层装入筒内,每层 $0.02 \sim 0.03m$,每加一层,用压砂杆适当压实,装砂量应略低于出口 $0.01m$ 左右。装砂完毕,在实验砂上部加装过滤网 14 及玻璃球。最后在试验筒上部装接恒压水箱 1,并在两法兰盘之间衬垫两面涂抹凡士林的橡皮垫,注意拧紧螺丝,以防漏气、漏水,接上压差计。

3. 新装干砂加水:旋开试验筒顶部排气阀 12 及进水阀 8,关闭流量调节阀 16、放空阀 9 及连通软管上的管夹,开启水泵对恒压水箱 1 供水,恒压水箱 1 中的水通过进水管 3 进入下稳水室 7,若进水管 3 中存在气柱,则可短暂关闭进水阀 8 予以排除。继续进水,待水慢慢浸透装砂圆筒内的全部砂体,并且使上稳水室 13 完全充水之后,关闭排气阀 12。

4. 压差计排气:完成上述步骤后,松开两连通软管上的管夹,打开压差计顶部排气嘴旋钮进行排气,待两测压管内分别充水达到半管高度时,迅速关闭排气嘴旋钮即可。静置数分钟,检查两测压管水位是否齐平,若不齐平,则需重新排气。

5. 测流量:全开进水阀 8 和流量调节阀 16,待出水流量恒定后,用体积法或重量法测量流量。

6. 测压差:测读压差计水位差。

7. 测水温:用温度计测量实验水体的温度。

8. 按照以上方法,改变流量 $2 \sim 3$ 次,测量渗透系数 K 值。

9. 实验结束时,若短期内要继续实验,为防止试验筒内进气,则应先关闭进水阀 8、流量调节阀 16、排气阀 12 和放空阀 9(在水箱内),后关闭水泵。若长期不做该实验,则关闭水泵后将流量调节阀 16、放空阀 9 开启,排除砂土中的重力水,然后取出试验砂,晒干后存放,以备下次实验时再用。

10. 实验结束,进行成果分析。

五、注意事项

1. 恒压供水箱保持溢流,使实验水头恒定;实验流量不能过大,以免砂样向上浮涌。

2.实验中,若下稳水室 7 中有气体滞留,则应关闭流量调节阀 16,打开排气嘴 17,排除气体。

六、数据记录与分析

实验数据处理、分析和讨论详见附录 10。

实验 11 堰流实验

一、实验目的和要求

1.了解堰的分类,观察有/无坎宽顶堰的溢流现象,分析影响堰流的因素。

2.掌握测量堰流流量的方法。

3.掌握测定自由出流条件下堰流流量系数 m。

二、实验原理

1. 堰流现象及堰的分类

在水利工程中,把顶部溢流的泄水建筑物称为堰。根据不同的建筑材料及使用要求,堰的断面又有各种不同的形式。例如,高度较大的溢流坝常用混凝土筑成曲线形;低堰常用石料砌成折线形;而实验室内的量水堰,一般用钢板或塑料板做成很薄的堰壁。显然,堰的断面形式不同,其能量损失及过水能力也不相同。

根据堰流的水力特点,可用 δ/H(δ 为堰厚度;H 为堰上水头)的大小来进行如下分类:

$\delta/H<0.67$,薄壁堰;

$0.67\leqslant\delta/H<2.5$,实用堰(曲线形、折线形);

$2.5\leqslant\delta/H<10$,宽顶堰。

按下游水位对泄流流量的影响,堰还可分为自由出流和淹没出流。当下游水位不影响堰的过流能力时,称为自由出流,反之则称为淹没出流。

堰下游水流情况复杂,通过实验研究,可以认为宽顶堰淹没出流的判别条件是:

$$h_s>0.8H_0 \tag{11-1}$$

式中:h_s——下游水位与堰顶高程之差;

H_0——堰上全水头。

2. 堰流的基本公式

当宽顶堰流不满足淹没条件时,宽顶堰流流量的基本公式为:

$$Q = mb \sqrt{2g} H_0^{3/2} \tag{11-2}$$

当宽顶堰流满足淹没条件时,宽顶堰流流量的基本公式为:

$$Q = \sigma mb \sqrt{2g} H_0^{3/2} \tag{11-3}$$

式中: Q——流量;

b——堰宽;

H_0——堰上全水头;

m——流量系数;

σ——淹没系数。

3. 堰流的经验公式

直角进口:

$$m = 0.32 + 0.01 \frac{3 - \dfrac{P_1}{H}}{0.46 + 0.75 \dfrac{P_1}{H}} \quad \left(当 \frac{P_1}{H} \geqslant 3 \text{ 时}, m = 0.32\right) \tag{11-4}$$

圆角进口:

$$m = 0.36 + 0.01 \frac{3 - \dfrac{P_1}{H}}{1.2 + 1.5 \dfrac{P_1}{H}} \quad \left(当 \frac{P_1}{H} \geqslant 3 \text{ 时}, m = 0.36\right) \tag{11-5}$$

式中: P_1——上游堰高;

H——堰上水头。

4. 堰上总水头

本实验需测记渠宽 b、上游渠底高程 ∇_2、堰顶高程 ∇_0、宽顶堰厚度 δ、流量 Q、上游水位 ∇_1 及下游水位 ∇_3。按下列各式计算确定上游堰高 P_1、行近流速 v_0、堰上水头 H 和总水头 H_0。

$$P_1 = \nabla_0 - \nabla_2 \tag{11-6}$$

$$v_0 = \frac{Q}{b(\nabla_1 - \nabla_2)} \tag{11-7}$$

$$H = \nabla_1 - \nabla_0 \tag{11-8}$$

$$H_0 = H + \frac{\alpha v_0^2}{2g} \tag{11-9}$$

三、实验装置

1. 实验装置示意图(如图 11-1 所示)

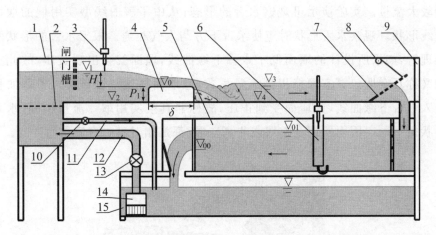

1.实验水槽　2.稳水孔板　3.可移动水位测针　4.实验堰　5.三角堰量水槽　6.三角堰水位测针与测针筒　7.多孔尾门　8.尾门升降轮　9.支架　10.旁通管微调阀门　11.旁通管　12.供水管　13.供水流量调节阀　14.水泵　15.蓄水箱

图 11-1　堰流流量系数实验装置示意

2. 说明

(1)自循环供水系统:实验时,由水泵 14 向实验水槽 1 供水,水流经三角堰量水槽 5,流回到蓄水箱 15。水槽首部有稳水、消波装置,末端有多孔尾门及尾门升降机构,用于调节尾水位。

(2)堰、闸模型:本实验槽中可换装各种堰、闸模型。通过更换不同堰体,可演示各种堰流现象及其下游水面衔接形式,包括有侧收缩无坎及其他各种常见宽顶堰流、底流、挑流、面流和戽流等现象。此外,还可演示平板闸下出流、薄壁堰流。完成定性分析实验后,可任选其中一种宽顶堰,完成无侧收缩宽顶堰流量系数测定。

四、实验方法与步骤

1. 定性分析实验

(1)薄壁堰演示

当堰顶厚度与堰前水头比值小于 0.67 时,过堰水流与堰顶为线接触,堰顶厚度对水流不产生影响,称为薄壁堰,如图 11-2 所示。根据堰口形状的不同,薄壁堰又可分为矩形薄壁堰、三角形薄壁堰和梯形薄壁堰等。三角形薄壁堰安装于三角堰量水槽 5 首部,用于测量小流量。矩形薄壁堰用于测量较大流量。实验演示可观察水舌的形态,从中了解曲线型实用堰的堰面曲线形状。观察水舌形状时应使水舌下方与大气相通。根据水舌的形状不难理解,如果所设计的堰面低于水舌下缘曲线,堰面就会出现负压,故此类堰又称真空堰。真空堰能提高流量系数,但堰面易遭空蚀破坏。若堰面稍突入水舌下缘曲线,则堰面受到正压,故称非真空实用堰。流量不同,水舌形状也不同。因而所谓真空堰或非真空堰,都是相对于一定流量而言的。

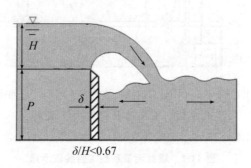

$\delta/H<0.67$

图 11-2　薄壁堰水面形态

(2)曲线型实用堰演示

如图 11-3 所示,当下游水位较低时,过堰水流在堰面上形成急流,沿流程高度降低,流速增大,水深减小,在堰脚附近断面水深最小(h_c),流速最大。该断面称为堰下游的收缩断面。在收缩断面后的平坡渠道上,形成 H_3 型水面曲线,并通过水跃与尾门前的缓流相衔接。

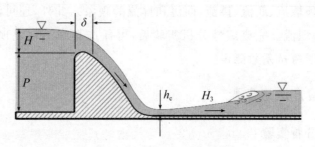

图 11-3　曲线型实用堰水面形态

（3）宽顶堰演示

①宽顶堰

调节流量使过流符合宽顶堰条件 $2.5 \leqslant \delta / H < 10$。当 $4 < \delta / H < 10$ 时，图 11-4 为宽顶堰堰流的典型形态。当 $2.5 < \delta / H < 4$ 时，堰顶只有一次跌落，且无收缩断面。

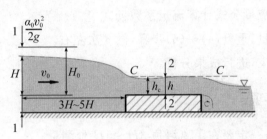

图 11-4　宽顶堰水面形态

宽顶堰出流又分自由出流和淹没出流两种流态。若下游水位不影响堰的过流能力，称为自由出流；在流量不变的条件下，若上游水位受下游水位顶托而抬升，这时下游水位已影响堰的过流能力，称为淹没出流。可调节尾门改变尾水位高度，以形成自由出流或淹没出流实验流态。

②无坎宽顶堰

无坎宽顶堰俯视图如图 11-5 所示。两侧模型分别被浸湿了的吸盘紧紧吸附于有机玻璃槽壁上。由于侧收缩的影响，在一定的流量范围内水流呈现两次跌落的形态，如图 11-6 所示，与宽顶堰形态相似。

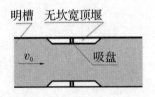

图 11-5　无坎宽顶堰俯视图

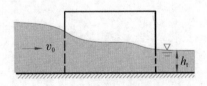

图 11-6　无坎宽顶堰水面形态

2. 定量分析实验——无侧收缩宽顶堰流量系数测定

（1）熟悉仪器各部分名称、结构特征、作用性能。

（2）任选一种直角进口或圆角进口宽顶堰进行实验。记录各常数，包括渠宽 b 和宽顶堰厚度 δ 等。放水前，用移动测针测出上游渠底高程 ∇_2 及堰顶高程 ∇_0 等。

(3)启动自循环水泵,调节尾门开度,保持堰流为自由出流状态,待水流稳定后,记录流量读数。

(4)在堰顶上游 $3H \sim 5H$ 以上断面处,用测针测读堰前水深,得到堰顶水头 H。

(5)计算行近流速 v_0 和包括行进流速水头的堰顶总水头 H_0。

(6)按堰流流量公式计算流量系数 m。

(7)改变流量,重复(4)~(6)步骤,做 8 次左右。

(8)实验结束,进行成果分析。

五、注意事项

1.堰上水头一定要在距离堰顶 $3H \sim 5H$ 处测量。

2.测定堰流流量系数时,应从小到大依次改变流量,且每次的改变量不能太大。

3.关小尾门时,注意水位变化,不能使水流溢出槽外。

六、数据记录与分析

实验数据处理、分析和讨论详见附录 11。

实验 12 闸下自由出流流量系数测定实验

一、实验目的和要求

1.掌握平板闸门流量系数 μ_0 的测定方法,了解影响 μ_0 的因素。

2.点绘流量系数 μ_0 与相对开度 e/h 之间的关系曲线。

二、实验原理

闸下出流是指水流受闸门控制经闸门底缘和闸底板之间孔口的出流。出流时,闸门上游水位壅高,闸门上下游的水面曲线不连续。由于受闸门影响,闸门下游$(0.5\sim1)e$ 处(e 为闸门开度),水流因发生纵向收缩出现水深最小的收缩断面,其水深称为收缩断面水深,其值一般均小于临界水深。受下游水位的影响,闸下出流可分为自由出流和淹没出流两种。当下游水位不影响闸门的过流能力时,称为自由出流,反之则称为淹没出流。

闸下自由出流如图 12-1 所示,列 1—1 断面和 C—C 断面的伯努利方程式:

$$H+\frac{\alpha_1 v_1^2}{2g}=h_c+\frac{\alpha_c v_c^2}{2g}+\zeta\frac{v_c^2}{2g} \tag{12-1}$$

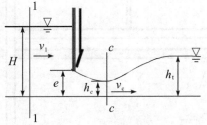

图 12-1 闸下自由出流示意

经整理得

$$Q=\mu_0 eB\sqrt{2gH_0} \tag{12-2}$$

$$\mu_0=\frac{Q}{eB\sqrt{2gH_0}} \tag{12-3}$$

式中：μ_0——流量系数；

Q——流量；

e——闸门开度；

H_0——闸门前全水头；

B——槽宽。

在实验中，保持流量一定，改变闸门开度，经测量 Q、H_0、e、B 值后，便可按式(12-3)求得 μ_0。最后，根据不同的相对开度，点绘 μ_0 与 e/h（h 为闸前水深）之间的关系曲线。

三、实验装置

1. 实验装置示意图(如图 12-2 所示)

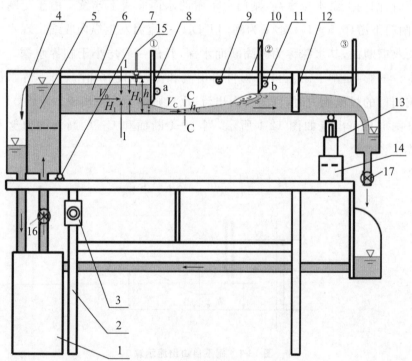

1.自循环供水器 2.实验台 3.可控硅无级调速器 4.溢流板 5.有稳水孔板的恒压供水箱 6.变坡水槽 7.变坡轴承 8.闸板①～③ 9.底坡水准器 10.长度标尺
11.闸板锁紧轮 a、b 12.滑动测量尺 13.带标尺的升降杆 14.升降机构 15.可移动水位测针 16.进水阀 17.尾阀

图 12-2　闸下自由出流流量系数测定实验装置示意

2.说明

(1)水槽首部有稳水装置,末端有带标尺的升降杆,用于调节尾水位。

(2)闸门处设有测量闸门开度的标尺,闸门前装有水位测针。

(3)流量测量可另行配备数显流量仪测量,或用体积法(或重量法)测量。

四、实验方法与步骤

1.熟悉实验仪器各部分名称、结构特征、作用性能。

2.水槽放水之前,首先关闭平板闸门,记录各常数,包括闸前水位测针零点读数$\nabla_底$、槽宽 B、闸门关闭时标尺起始读数 e_0 和 ∇_0 等,然后将闸门开到一定的开启度。

3.打开进水阀 16 和尾阀 17,待水流稳定后,测定过闸流量,流量应控制在闸门较小开度时,闸前水面不溢出水槽为准。

4.利用闸前水位测针,测读闸前水位。

5.利用平板闸门上的标尺,测读闸门标尺读数 e',至此,即完成一个测次。

6.继续进行第二次实验。增大一点平板闸门的开启度,待水流稳定后,测读闸前水位,测读闸门开度,共做 8 次左右。

7.当以上实验完毕后,调节尾门,改变下游水深,观察闸门下游淹没水跃、临界水跃、远离水跃的水流特点及水闸出游情况。

8.实验结束,进行成果分析。整理实验数据,以 μ_0 为纵坐标,e/h 为横坐标,点绘 μ_0 与 e/h 之间的关系曲线。

五、注意事项

1.水槽首部水阀打开调好后,实验过程中不再变动,以保持流量一定。

2.在实验过程中,应保证闸水流为自由出流,尾门的开度应大一些。

3.闸门小开度时,闸前水面不得过高,以防水渠漫溢。

4.当实验点数据太少时,可变更流量和闸门的相对开度,重复实验步骤 2~5。

六、数据记录与分析

实验数据处理、分析和讨论详见附录 12。

实验 13　明渠糙率测定实验

一、实验目的和要求

1.熟练掌握和运用明渠糙率 n 的测定方法。
2.理解对明渠糙率 n 的影响因素。

二、实验原理

明渠是指具有自由表面的水流通道。天然河道和人工渠道中的水流流动都是典型的明渠流。明渠渠底倾斜的程度称为底坡,常以 i 表示。如图13-1所示,i 的大小等于任意两断面间渠底高程差 Δh 与此两断面间的渠道长度 l 之比。水力坡度 J,又称比降,是指明渠水流从机械能较大的断面向机械能较小的断面流动时,沿流程每单位距离的水头损失,即总水头线的坡度。水面坡度 J_P 是指明渠流上游断面的水面至下游断面的水面,沿流程每单位距离的液面高差,即测压管水头的坡度,也称水面线。糙率 n,也称粗糙系数,取决于渠道壁面状况,反映了渠道粗糙情况对水流阻力的影响程度。

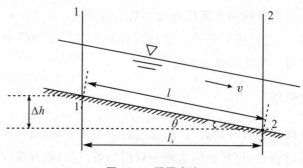

图 13-1　明渠水流

明渠均匀流是指明渠水流中水力要素(如水深、断面平均流速及流速分布等)均保持沿程不变的流动,其特征是明渠均匀流的水面线与总水头线及渠底线均相互平行,故其水面坡度 J_P、水力坡度 J 和底坡 i 都相等。

在长直的正坡棱柱体明渠中,若底坡 i 和糙率 n 沿程不变,当通过某一固定水流量时,就会发生均匀流动。对于明渠均匀流,流速 v 可用谢才公式

表示(均匀流中 $i=J$):

$$v=C\sqrt{Ri} \tag{13-1}$$

则流量为

$$Q=Av=AC\sqrt{Ri} \tag{13-2}$$

其中

$$R=\frac{A}{\chi} \tag{13-3}$$

$$i=\frac{z_上-z_下}{l} \tag{13-4}$$

式中: Q——流量;

　　A——过水断面面积;

　　χ——湿周;

　　R——水力半径;

　　C——谢才系数;

　　l——测量段长度;

　　$z_上,z_下$——分别为上下游水面高程。

联合以上公式即可算出谢才系数:

$$C=\frac{v}{\sqrt{Ri}} \tag{13-5}$$

再由

$$C=\frac{1}{n}R^{1/6} \tag{13-6}$$

计算出糙率 n。

三、实验装置

1. 实验装置示意图(如图 13-2 所示)

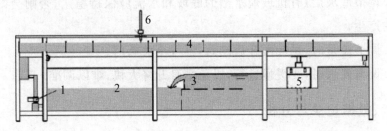

1.水泵　2.循环水箱　3.量水三角堰　4.变坡水槽　5.升降机构　6.可移动水位测针

图 13-2　明渠糙率测定实验装置示意

2. 说明

(1)该装置为可变底坡的自循环电控有机玻璃水槽,首部固定高程,尾部可以升降,以调节水槽底坡。

(2)水槽装有测量水位的可移动测针。流量用设在下部的量水三角堰测量。

四、实验方法与步骤

1.熟悉实验仪器各部分名称、结构特征、作用性能。

2.记录仪器各常数,包括槽宽 b 和测量段长度 l 等。

3.将活动有机玻璃水槽调至一适当坡度($i>0$),使槽身底坡保持不变。

4.打开水泵电源开关,使水进入上层水槽,待水流稳定后,在水槽中部选取一渐变流段,用可移动水位测针沿该段测取几个水深相等时的点,此流段即为均匀流段,该水深即为均匀流水深。若相邻两断面的水深极为接近(不超过 2mm),亦可视该流段为均匀流段,以两断面水深的平均值作为正常水深,计算出过水断面面积 A 和水力半径 R。

5.在选好的均匀流段上取上、下两过水断面,测读上、下游两断面的槽底高程 $z_上$、$z_下$ 和两断面间的距离 l,计算底坡 i。

6.测量有机玻璃槽中流量,代入式(13-6),算出有机玻璃的糙率 n。

7.重复实验步骤 3~6,调节不同底坡或流量进行测量,共做 5 次,观察糙率随水深的变化。

8.实验结束,进行成果分析。

五、注意事项

1.调节底坡后,有机玻璃水槽的底坡和水流应保持稳定,否则会影响均匀流的产生。

2.调节流量时,要缓慢开启闸阀,不可全关阀门。

3.调节底坡时,要缓慢进行,以免槽身升降太快,难以调准。

六、数据记录与分析

实验数据处理、分析和讨论详见附录13。

实验 14　水跃实验

一、实验目的和要求

1. 观察水跃现象的特征和三种类型的水跃。

2. 检验平坡矩形明渠自由水跃共轭水深理论关系的合理性,并将实测值与理论计算值进行比较。

3. 测定跃长,检验跃长经验公式的可靠性。

4. 了解水跃的消能效果。

5. 比较不同跃前断面的弗劳德数(Fr)五种形态水跃的流动特征。

二、实验原理

水跃是水流在较短的流程内从急流过渡到缓流时,水面突然跃起的局部水力现象。由于下游渠道的水深不同,水跃可分为远驱式水跃、临界式水跃和淹没式水跃。当 $1 < Fr < 1.7$ 时,水跃表面将形成一系列起伏不平的波浪,波峰沿流降低,最后消失,这种形式的水跃称为波状水跃。当 $Fr \geq 1.7$ 时,水跃成为具有表面水滚的典型水跃,具有典型形态的水跃称为完整水跃。水跃始端和终端两个断面的水深分别称为跃前水深和跃后水深,这两个水深之间存在共轭关系。通过实验可测定完整水跃共轭水深 h'、h''、跃长 L_B、消能率 η,并可验证平坡矩形槽中自由水跃计算的下列理论公式:

$$h' = \frac{h''}{2}\left(\sqrt{1 + 8\frac{\alpha q^2}{g h''^3}} - 1\right) \tag{14-1}$$

$$L_B = 6.1 h'' \tag{14-2}$$

$$\Delta H_j = \frac{(h'' - h')^3}{4 h' h''} \tag{14-3}$$

$$\eta = \Delta H_j / H_1 \tag{14-4}$$

$$H_1 = h' + \frac{\alpha v_1^2}{2g} \tag{14-5}$$

式中:ΔH_j——水跃的能量损失;

$\quad H_1$——跃前断面总水头。

为测定消能率 η,可选平坡渠底为基准,然后由槽宽 b 和实测的 h'、h'' 值确定水跃前后断面的总能头 E_1 和 E_2,再由下列各式换算得实测消能率 η':

$$\eta' = \Delta E / E_1 \tag{14-6}$$

$$E_1 = h' + \alpha \left(\frac{Q}{bh'}\right)^2 /(2g) \tag{14-7}$$

$$E_2 = h'' + \alpha \left(\frac{Q}{bh''}\right)^2 /(2g) \tag{14-8}$$

保持流量为 $10\sim20\text{m/s}$ 不变,调节闸板开度,使跃前的 Fr 由 $1\to10$ 逐渐变化,可观察图 14-1 中的 5 种形态水跃。

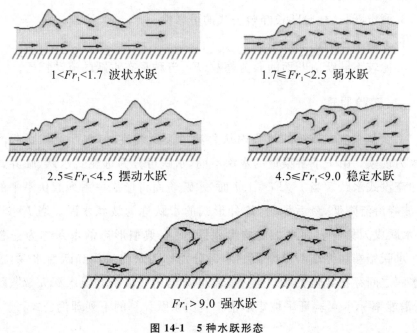

$1<Fr_1<1.7$ 波状水跃	$1.7\leqslant Fr_1<2.5$ 弱水跃
$2.5\leqslant Fr_1<4.5$ 摆动水跃	$4.5\leqslant Fr_1<9.0$ 稳定水跃

$Fr_1>9.0$ 强水跃

图 14-1　5 种水跃形态

注:Fr_1 是指跃前的弗劳德数。

各种水跃特征如下:

波状水跃:水面波状突然升高,无表面旋滚,消能率低,波动距离远。

弱水跃:水跃高度较小,跃区湍动不强烈,跃后水面较为平稳,其消能率低于 20%。

摆动水跃:流态不稳定,水跃振荡,跃后水面波动较大,且向下游传播较远。

稳定水跃:水跃稳定,跃后水面较平稳,消能率可达 $46\%\sim70\%$,是底流消能较理想的流态。

强水跃：流态汹涌，表面旋滚强烈，下游波动较剧烈，影响较远，消能率可达 70% 以上，但消能工的造价高。一般当 $Fr_1 > 13$ 时，因底流消能工更昂贵，故宜改用挑流或其他形式消能。

$$Fr_1 = v_1 / \sqrt{gh'} \tag{14-9}$$

三、实验装置

1. 实验装置示意图（如图 14-2 所示）

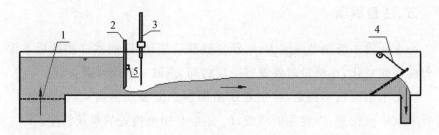

1. 稳水孔板　2. 闸板　3. 可移动水位测针　4. 多孔尾门　5. 高程标志块

图 14-2　水跃实验装置示意

2. 说明

（1）闸下出流除可调节尾门改变下游水位 ∇_5，还可通过调节闸板 2 的开度，改变堰顶水位 ∇_1，不仅可得到临界式、远驱式、淹没式三种类型的水跃，并能较大幅度地改变 Fr_1，从而显示上述 5 种形态水跃的流动特征。

（2）本实验供排水系统与实验 11 图 11-1 中所用装置相同，同样流量和水位由实验 11 图 11-1 中的 5 和 6 测量。

四、实验方法与步骤

1. 熟悉实验仪器各部分名称、结构特征、作用性能。

2. 记录常数渠宽 b 等。

3. 打开进水阀门，并适当开启闸板，待上游水位稳定后，再调节尾门，分别使闸下发生三种类型水跃，即远驱式、临界式和淹没式水跃；仔细观察水跃现象，并分别绘出其示意图。

4. 调控进水阀门开度，使下游产生完全水跃，分别测记可移动水位测针读数、共轭水深和跃长（测量共轭水深需用断面三点取平均值）。

5. 调节流量 $Q=(0.8\sim1.0)\times10^{-3}\,\mathrm{m^3/s}$，闸板开度 $e=(0.5\sim1.0)\times10^{-2}\,\mathrm{m}$，同时调控阀门，使闸上水位在可移动水位测针可读范围内达到最高点，测记 Fr_1，观察 $Fr_1>9$ 时的强水跃特征。

6. 适当调小 e，使 $4.5<Fr_1<9$，调节尾门使之形成稳定水跃。然后增大流量至 $4\times10^{-3}\,\mathrm{m^3/s}$ 左右，调节开度 e 与尾门高度，依次形成摆动水跃、弱水跃、波状水跃，并观察其消能效果和流动特征。

7. 实验结束，进行成果分析。

五、注意事项

1. 水跃段水流湍动强度大，水跃位置前后摆动，跃前水深和跃后水深也随着湍动而变化，在测量时要观察一段时间，选取一适当水跃位置。

2. 由于水流极不稳定，特别是跃后断面水面波动厉害，所以测定 h'、h'' 时要测取中央位置，不要靠近槽壁，L_B 也应是中央位置的水跃长度。

六、数据记录与分析

实验数据处理、分析和讨论详见附录 14。

实验 15　水面曲线实验

一、实验目的和要求

1. 掌握测定明渠临界底坡 i_c；观察棱柱体渠道中非均匀渐变流的十二种水面曲线。

2. 掌握生成十二种水面曲线的条件。

二、实验原理

明渠水面曲线是指明渠水流自由水面的纵剖面线。由于明渠均匀流的水面曲线是平行于渠底的直线，因此明渠水面曲线主要研究的是非均匀流。棱柱形明渠恒定渐变流微分方程为

$$\frac{\mathrm{d}h}{\mathrm{d}s} = i\frac{1-(K_0/K)^2}{1-Fr^2} \tag{15-1}$$

1. 明渠渐变流十二种水面曲线

依据明渠底坡 i，正常水深线 $N—N$ 及临界水深线 $C—C$ 的位置，将明渠沿纵剖面上的流动空间分成几个区域，分析水面处在各个区域时，$\frac{\mathrm{d}h}{\mathrm{d}s}$ 的变化规律，可得出十二种水面曲线形状，如图 15-1 所示。

2. 水面曲线分析示例

以缓坡明渠 M 型水面曲线为例，当实际水深大于正常水深时，有 $h>h_0$，$K=AC\sqrt{R}>K_0=A_0C_0`$，$K_0/K<1$；又因缓流 $Fr<1.0$，以及 $i>0$，故 $\frac{\mathrm{d}h}{\mathrm{d}s}>0$，水深沿程增大。表明水面线为壅水曲线。$M$ 型壅水曲线向上游，水深 h 趋于正常水深 h_0，即 $h\to h_0$，所以 $(K_0/K)^2\to1$，$\frac{\mathrm{d}h}{\mathrm{d}s}\to0$，即 M 型壅水曲线上端以正常水深线 $N—N$ 为渐近线。向下游，$h\to\infty$，$(K_0/K)^2\to0$，$Fr\to0$，$\frac{\mathrm{d}h}{\mathrm{d}s}\to i$，即曲线下端以水平线为渐近线。

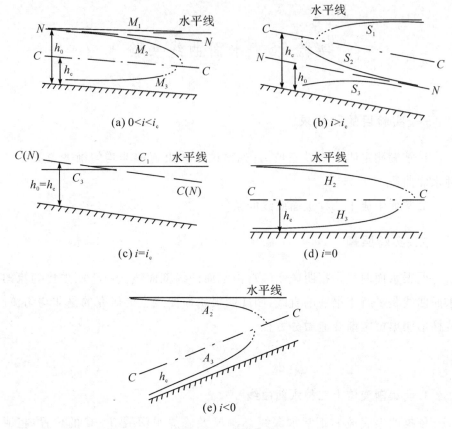

(a) $0<i<i_c$　　　　　　　　　　(b) $i>i_c$

(c) $i=i_c$　　　　　　　　　　　(d) $i=0$

(e) $i<0$

图 15-1　水面曲线

3.临界底坡计算

矩形棱柱型渠道的临界底坡应满足下列关系:

$$i_c=\frac{g\,\chi_c}{\alpha C_c^2 b_c} \tag{15-2}$$

$$\chi_c=b_c+2h_c \tag{15-3}$$

$$h_c=\left(\frac{\alpha q_1^2}{g}\right)^{1/3} \tag{15-4}$$

$$C_c=\frac{1}{n}R_c^{1/6} \tag{15-5}$$

$$R_c=\frac{b_c h_c}{b_c+2h_c} \tag{15-6}$$

式中:χ_c、C_c、b_c、h_c 和 R_c 分别为明渠临界流时的湿周、谢才系数、渠宽、水深和水力半径;q_1 为单位宽度流量;n 为糙率。(以上公式中长度单位均以 m 计)

三、实验装置

1. 实验装置示意图(如图 15-2 所示)

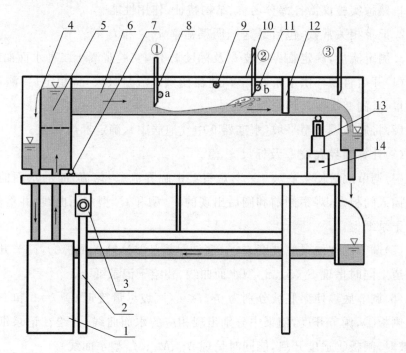

1.自循环供水器　2.实验台　3.可控硅无级调速器　4.溢流板　5.有稳水孔板的恒压
供水箱　6.变坡水槽　7.变坡轴承　8.闸板①~③　9.底坡水准器　10.长度标尺
11.闸板锁紧轮 a、b　12.滑动测量尺　13.带标尺的升降杆　14.升降机构

图 15-2　水面曲线实验装置示意

2. 说明

(1)为改变水槽底坡,以显示十二种水面曲线,本实验装置配有新型高
比速直齿电机驱动的升降机构 14。按下 14 的升降开关,变坡水槽 6 即绕变
坡轴承 7 摆动,从而改变水槽的底坡。底坡 $i = \Delta z / l_0$,$\Delta z = z - z_0$,z 是升降
杆 13 的标尺值,z_0 是平坡时升降杆 13 的标尺值,仪器安装调试后,应使 $z_0 = 0$;
l_0 是变坡轴承 7 与升降机上支点的水平间距,平坡可依底坡水准器 9 判定。

(2)渠身设有两道闸板,用于调控上下游水位,以形成不同水面线型。
闸板锁紧轮 11 用以夹紧闸板,使其定位。水深由滑动测量尺 12 测量。

(3)实验流量由可控硅无级调速器 3 调控,流量测量可另行配备数显流量仪,或用体积法(或重量法)测定。

四、实验方法与步骤

1.熟悉实验仪器各部分名称、结构特征、作用性能。

2.记录相关常数,包括渠宽 b、明渠糙率 n、z_0 和 l_0 等。

3.测定流量,确定临界底坡 i_c 及标尺 z_c 值,实验观测十二种水面曲线。

(1)开启自循环供水泵,调节调速器使供水流量最大,待稳定后,测量过渠流量,重测 2 次取其均值。

(2)将底坡调节至平坡(水准器 9 中气泡居中),确定标尺 z_0 值。

(3)计算临界底坡 i_c 及标尺 z_c 值。

(4)调节底坡使渠底坡 $i=i_c$,观察渠中临界流(均匀流)时的水面曲线。然后插入闸板②,观察闸前和闸后出现的 C_1 型和 C_3 型水面曲线,并将曲线绘于记录纸上。

(5)调节底坡使渠底坡度 $i>i_c$(底坡尽量陡些),插入闸板②,调节开度,使渠道上同时呈现 S_1、S_2、S_3 型水面曲线,并绘于记录纸上。

(6)调节底坡使渠底坡分别为 $0<i<i_c$(底坡尽量接近 0)、$i=0$ 和 $i<0$,插入闸板①,调节开度,使渠中分别出现相应的水面曲线,并绘在记录纸上。(缓坡时,闸板①适度开启,能同时呈现 M_1、M_2、M_3 型水面线)。

4.实验结束,进行成果分析。

五、注意事项

1.以上实验为了在一个底坡上同时呈现三种水面曲线,要求缓坡宜缓些,陡坡宜陡些。

2.实验时动作要轻,以免损坏有机玻璃水槽,尤其是在闸板插入和抽出时一定要轻。

六、数据记录与分析

实验数据处理、分析和讨论详见附录 15。

实验 16　静场传递扬水演示实验

一、实验目的和要求

1.建立静水压力传递概念,熟练掌握静水压力的传递过程和方式。

2.深度了解压强传递规律。

3.通过流体的静压传递特性、"静压奇观"的工作原理及其产生条件、虹吸原理等方面的实验分析、研究,培养和提高实验观察、分析能力。

二、实验原理

在密封容器中,当水位上升时,静水总压力增加,会引起容器顶部密封气体气压的增加,而气体能进行压力的等压传递。具有一定位置势能的上进水箱中的水体,经水管流入下密封水箱,使下密封水箱中的表面压力增大,并经通气管等压传递给上密封水箱,上密封水箱中的水体在表面压力作用下,经过扬水管与喷头将水喷射到高处。

当下密封水箱中的水位满顶后,水压继续上升,致使虹吸管工作,产生虹吸现象,使下密封水箱中的水体排入供水箱;同时,下密封水箱与上密封水箱中的表面压力降低,逆止阀被打开,水自上进水箱流入上密封水箱,这时,上进水箱中的水位低于水管的进口。当下密封水箱中的水体排完以后,上进水箱中的水体在水泵的供给下,也逐渐满过水管的进口处。于是,第二次扬水循环开始,形成了循环式静压传递自动扬水的"静压奇观"现象。

三、实验装置

1. 实验装置示意图(如图 16-1 所示)

2. 说明

(1)静场传递扬水演示实验装置由水泵、供水箱、上密封水箱、下密封水箱、虹吸管和扬水管等组成。

(2)装置中上、下密封水箱中的水体通过水管的传输、水体表面气体气压变换的传递实现间歇性扬水。

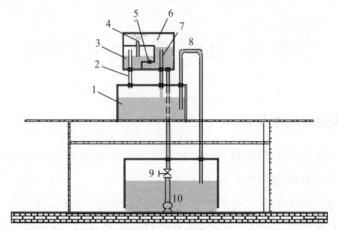

1.下密封水箱　2.压力传递管　3.上密封水箱　4.扬水管　5.逆止阀
6.上进水箱　7.放水管　8.虹吸管　9.供水箱　10.水泵

图 16-1　静场传递扬水演示实验装置示意

四、实验方法与步骤

1.熟悉实验仪器各部分名称、结构特征、作用性能。

2.给供水箱内加适量水,打开电源开关,并打开调节阀,使供水管内出水量大小适宜(以上密封水箱不溢水为宜),再给供水箱内补充适量水,保证仪器用水能循环运转。

3.注意水流运动路径,观察上密封水箱的扬水现象、逆止阀的启闭、虹吸管的现象等,掌握其机理,了解其成因。

4.观察上、下密封水箱的静水压力传递过程,理解扬水管的扬水机理。

5.实验完成后,将仪器恢复原状。

6.实验结束,进行成果分析。

五、注意事项

1.必须按规定的步骤使用仪器设备。

2.在用水泵给密封水箱供水时,注意蓄水箱内的液位,补充适量的水,保证系统的足够水量。

六、实验分析

实验分析和讨论详见附录16。

实验 17　流谱流线演示实验

一、实验目的和要求

1. 观察流体流经不同固体边界时的流动现象。
2. 理解流体流动的流谱及流线的基本特征。

二、实验原理

流场中液体质点的运动状态,可用流线或迹线来描述。在流谱仪中用酚蓝显示液,借助电极对化学液体的作用,通过平面流道形成流场,显示出液体质点的运动状态。这些染色线显示了同一瞬时内无数有色液体质点的流动方向。整个流场内的流谱流线形象地描绘了液体的流动趋势,当这些色线经过各种形状的固体边界时,可清晰地反映出流线的特性。

1. 机翼绕流

如图 17-1(a)所示,机翼向天侧(外包线曲率较大)流线较密,由连续方程和伯努利方程可知,流线密,表明流速大,压强小。而在机翼向地侧,流线较疏,压强较大。这表明整个机翼受到一个向上的合力,该力被称为升力。在机翼两侧压力差的作用下,必有分流经孔道从向地侧流至向天侧,这可通过孔道中染色电极释放的色素显现出来。染色液体流动的方向,即为升力方向。此外,在流道出口端(上端)还可观察到流线汇集一处,并无交叉,从而验证流线不会重合的特性。

2. 圆柱绕流

如图 17-1(b)所示,当流速为$(0.5 \sim 1.0) \times 10^{-2} \, \text{m/s}$ 时,为小雷诺数的无分离流动。因此,所显示的流谱上下游几乎完全对称,这与圆柱绕流势流理论流谱基本一致;零流线(沿圆柱表面的流线)在前驻点分为左右两支,经 $90°$ 点($u = u_{\max}$),而后在背滞点处两者又合二为一。驻点的流线为何可分可合,这与流线的定义不矛盾。因为在驻点上流速为零,方向是不确定的。然而,当适当增大流速,Re 增大,此时圆柱虽上游流谱不变,但下游原合二为一的染色线被分开,尾流出现。

3. 管渠过流

如图 17-1(c)所示,演示在小雷诺数下进行,液体在流经这些管段时,有扩有缩。由于边界本身亦是一条流线,通过在边界上特别布设的电极,该流线亦能得以演示。若适当提高流动的雷诺数,经过一定的流动起始时段后,在突然扩大拐角处流线就会脱离边界,形成漩涡,从而显示实际流体的总体流动图谱。

应该强调的是,上述实验流道中的流动均为恒定流。因此,所显示的染色线既是流线,又是迹线和脉线。因为流线是某一瞬时的曲线,线上任意一点的切线方向与该点的流速方向相同;迹线是某一质点在某一时段内的运动轨迹线;脉线是源于同一点的所有质点在同一时刻的连线。固定在流场的起始段上的电极,所释放的颜色流过显示面后,会自动消色。另外,在演示中如将泵关闭后再重新开启,还可看到流线上各质点流动方向的变化。

三、实验装置

1. 实验装置示意图(如图 17-1 所示)

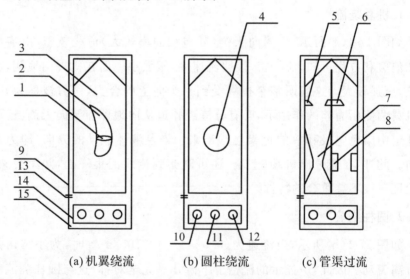

| (a) 机翼绕流 | (b) 圆柱绕流 | (c) 管渠过流 |

1.显示盘 2.机翼 3.孔道 4.圆柱 5.孔板 6.闸板 7.文丘里管 8.突扩和突缩
9.侧板 10.泵开关 11.对比度调节开关 12.电源开关 13.电极电压测点 14.流速调节阀 15.放空阀

图 17-1 流谱流线实验装置示意

注:14、15 内置于侧板内。

2.说明

(1)本实验装置还配备了流线显示盘、前后罩壳、照明灯、小水泵、直流供电装置。

(2)三种流谱仪,分别用于演示机翼绕流、圆柱绕流和管渠过流。Ⅰ型:单流道,演示机翼绕流的流线分布。实验中为了显示升力方向,在机翼腰部开有沟通两侧的孔道,孔道中有染色电极。Ⅱ型:单流道,演示圆柱绕流。Ⅲ型:双流道,演示文丘里管、孔板、突扩和突缩、明渠闸板等流段纵剖面上的流谱。

(3)利用该流线仪,还可说明均匀流、渐变流、急变流的流线特征。如直管段流线平行,为均匀流。文丘里管的喉管段,流线的切线大致平行,为渐变流。突缩和突扩处,流线夹角大或曲率大,为急变流。

四、实验方法与步骤

1.熟悉实验仪器各部分名称、结构特征、作用性能。

2.接通电源,此时灯光亮,水泵启动并驱动平面流道内的液体流动。

3.调节开关,改变流速以达到最佳显示效果。

4.待显示流谱稳定后,观察分析流场内的流动情况及流线特征。

5.实验结束,进行成果分析。

五、注意事项

1.本实验设备工作时,一般要求流速为$(0.5 \sim 1.5) \times 10^{-2}$ m/s,速度太快易导致流线不清晰,速度太慢流线又不稳定。

2.观察分析流线特征时,要待流谱稳定后进行。

六、实验分析

实验分析和讨论详见附录17。

实验 18　水击现象演示实验

一、实验目的和要求

1. 观察有压管道中水击的发生及伴随现象,加深理解水击特性。

2. 了解水击压强的测量、水击现象的利用及其危害的消除方法。

二、实验原理

在有压管道中流动的液体,受某种外界因素(如闸门突然关闭或水泵突然停止工作)的影响,使液体流速突然变化,由动量的改变引起的压强大幅度波动(增压和减压交替进行),这种现象称为水击。

1. 水击的产生和传播

水泵把水送入稳水箱中,设有溢流板,工作水流自水箱经供水管和水击室,通过水击发生阀的阀孔流出,回到集水箱。当关闭调压筒截止阀和放水阀,触发水击启动阀时,水流通过启动阀,其冲击力使阀上移关闭而快速截止水流,因而在供水管的末端产生水击升压,使逆止阀克服压力室的压力而瞬时开启,水也随即注入压力室内,并可看到压力表随着产生的压力波动。然后,在进口传来的负水击作用下,水击室的压强低于压力室,使逆止阀关闭。同时,负水击又使水击启动阀下移而再次开启,通过水击启动阀和逆止阀的动作过程,既能观察到水击波的传播变化现象,又能使实验装置保持往复的自动工作状态。启动阀和逆止阀不断地启闭,水击现象也就不断地重复发生。

2. 水击压强的观测

水击可在极短时间内产生很大的压强,犹如重锤锤击管道一般,能破坏管道。本实验的测压系统是由逆止阀、压力室和压力表组成。由于逆止阀每次启闭都能产生一次水击升压,向压力室内注入一定量的水,因而压力室内的压强随水量的增加而增大,直到其值与最大水击压强相等时,可从压力表上读出压力室中的压强。

3. 水击的利用——水击扬水原理

启动阀每关闭一次,水击室内就会产生一次水击升压,逆止阀随之被瞬时开启,部分高压水被注入压力室。当扬水管截止阀开启时,压力室的水便经出水管流向高处。由于水击连续多次发生,水流亦一次次地注入压力室,因而源源不断地把水提升到高处,这正是水击扬水原理。水击的升压可达几十倍的作用水头,若提高扬水机出水管的高度,则水击扬水机的扬程也可相应提高,但出水量会随着高度的增加而减小。

4. 水击危害的消除——调压筒(井)工作原理

水击有可利用的一面,对工程也具有危害性的一面。例如,水击有可能使管道爆裂。为了消除水击的危害,常在阀门附近设置减压阀或调压筒(井),气压室等设施。本实验设有由调压筒截止阀和调压筒组成的水击消减装置。实验时,全关扬水管截止阀,全开调压筒截止阀,然后触发水击启动阀,由压力表可见,此时水击升压减小,其值仅为截止阀关闭时峰值的1/3。同时,本实验还能演示调压系统中的水位波动现象。当启动阀开启时,调压筒中水位低于供水箱水位,而当启动阀突然关闭时,调压筒中水位很快涌高且超过供水箱水位,并出现和竖立 U 形水管中水体摆动现象性质相同的振荡,上下波动的幅度逐次衰减,直至静止。

由于设置了调压筒,在启动阀全开下的定常流时,调压筒中维持低于供水箱水位的固定自由水面。当启动阀突然关闭时,供水管中的水流因惯性作用继续向下流动,流入调压筒,使其水位上升,一直上升到高出供水箱水位的某一最大高度后才停止。这时全管流速等于零,流动处于暂时停止状态,由于调压筒水位高于供水箱水位,故水体做反向流动,从调压筒流向供水箱。又由于惯性作用,调压筒中的水位逐渐下降至低于供水箱水位,直到反向流速等于零为止。此后,供水管中的水流又开始流向调压筒,调压筒中的水位再次回升。这样,伴随着供水管中水流的往返运动,调压筒中水位也不断上下波动,这种波动由于供水管和调压筒的阻力作用而逐渐衰减,最后,调压筒水位稳定在正常水位。设置调压筒后,在过流量急剧改变时仍有水击发生,但调压筒的设置建立了一个边界条件,在相当大的程度上限制或完全制止了水击向上游传播。同时,水击波的传播距离因设置调压筒而大为缩短,这样既能避免直接水击的发生,又加快了减压波返回,因而使水击压强峰值大为降低,这就是利用调压筒消除水击危害的原理。

三、实验装置

1. 实验装置示意图(如图 18-1 所示)

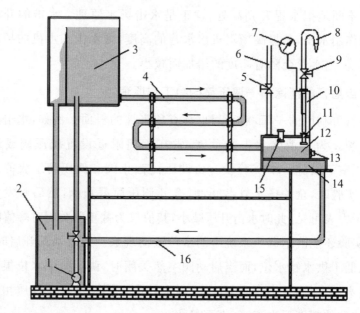

1.水泵　2.供水箱　3.恒压水箱　4.供水管　5.调压筒截止阀　6.调压筒　7.压力表
8.水击扬水管　9.扬水管截止阀　10.压力室　11.逆止阀　12.水击室　13.放水阀
14.集水箱　15.水击启动阀　16.回水管

图 18-1　水击实验装置示意

2. 说明

(1)本实验装置由恒压水箱、供水管、调压筒、水击室、压力室、压力表、水击扬水管、水击启动阀、水泵等部件组成。

(2)通过以上各部件作用,实现水击发生、水击扬水、调压筒消减水击压强等一系列现象。

四、实验方法与步骤

1.熟悉实验仪器各部分名称、结构特征、作用性能。

2.开启水泵,使恒压水箱充水至溢流。

3.向下推开启动阀,把过水系统中的空气全部排出(打开调压筒截止阀,可排出空气)。然后全关调压筒截止阀和扬水管截止阀,触发水击启动阀自动地上下往复运动,时开时闭而产生水击。

4.测水击压强:此法的测压系统是由逆止阀、压力室和压力表组成的。水击启动阀每一开一闭都会产生一次升压,每当水击波往返一次,都将向压力室内注入一定量的水,因而压力室内的压强随着水量的增加而不断累加,当其值达到最大水击压强时,逆止阀才完全关闭,此时,可用连接压力室的压力表测量最大水击压强。

5.水击扬水实验:全开扬水管截止阀,全关调压筒截止阀。当扬水管截止阀开启时,压力室的水便经扬水管流向高处。由于水击阀不断运动,水击连续多次发生,水流亦一次次地注入压力室,因而能源源不断地将水提升到高处。

6.调压筒实验:全关扬水管截止阀、全开调压筒截止阀,然后手动控制水击阀的开与闭,由压力表可观察到其值仅为调压筒截止阀关闭时的峰值的 1/3 左右。同时,演示调压系统中的水位波动现象。当水击阀开启时,调压筒中水位低于供水箱水位,而当水击阀突然关闭时,调压筒中的水位很快涌高且超过供水箱水位,并出现调压筒中水位上下波动,由于阻力的作用,波动的幅度逐次衰减,直至静止。

7.实验结束,进行成果分析。

五、注意事项

1.注意在实验中使用的水源要清洁,保护逆止阀。

2.一定要排净供水管、压力室和调压筒截止阀下部调压中的滞留空气,否则可能使水击压强达不到额定值,此时应重新操作,或更换水,增加集水箱水量。

六、实验分析

实验分析和讨论详见附录 18。

参考文献

[1]薛向东,方程冉,王彩虹.工程流体力学[M].北京:清华大学出版社,2021.

[2]闻德苏,王玉敏,高海鹰,等.工程流体力学(水力学)[M].4版.北京:高等教育出版社,2020.

[3]俞永辉,赵红晓.流体力学和水力学实验[M].2版.上海:同济大学出版社,2017.

[4]闻建龙.流体力学实验[M].2版.苏州:江苏大学出版社,2018.

[5]杨中华,李丹,李琼,等.水力学实验指导书[M].北京:中国水利水电出版社,2019.

附　录

实

验

报

告

附录1 流体静力学实验

一、数据处理与成果展示

实验设备名称:＿＿＿＿＿＿＿;　　　实验台编号:＿＿＿＿＿＿＿;

实验者:＿＿＿＿＿＿＿;　　　实验日期:＿＿＿＿＿＿＿。

1. 相关常数记录

各测点高程为:

$\nabla_B =$ ＿＿＿＿＿＿＿ $\times 10^{-2}$ m,

$\nabla_C =$ ＿＿＿＿＿＿＿ $\times 10^{-2}$ m,

$\nabla_D =$ ＿＿＿＿＿＿＿ $\times 10^{-2}$ m,

基准面选在＿＿＿＿＿＿＿,

$z_C =$ ＿＿＿＿＿＿＿ $\times 10^{-2}$ m,

$z_D =$ ＿＿＿＿＿＿＿ $\times 10^{-2}$ m。

2. 数据记录与计算(见表1-1,表1-2)

附　录

表 1-1　液体静压强测定记录与计算

实验条件	测次	水箱液面 ∇_0/$(10^{-2}\,\mathrm{m})$	测压管液面 ∇_H/$(10^{-2}\,\mathrm{m})$	压强水头				测压管水头	
				$\dfrac{p_A}{\rho g}=\nabla_H-\nabla_0$ /$(10^{-2}\,\mathrm{m})$	$\dfrac{p_B}{\rho g}=\nabla_H-\nabla_B$ /$(10^{-2}\,\mathrm{m})$	$\dfrac{p_C}{\rho g}=\nabla_H-\nabla_C$ /$(10^{-2}\,\mathrm{m})$	$\dfrac{p_D}{\rho g}=\nabla_H-\nabla_D$ /$(10^{-2}\,\mathrm{m})$	$z_C+\dfrac{p_C}{\rho g}$ /$(10^{-2}\,\mathrm{m})$	$z_D+\dfrac{p_D}{\rho g}$ /$(10^{-2}\,\mathrm{m})$
$p_0=0$									
$p_0>0$									
$p_0<0$ （其中一次 $p_B<0$）									

表 1-2　油密度测定记录与计算

实验条件	测次	水箱液面 $\nabla_0/(10^{-2}\,\mathrm{m})$	测压管 2 液面 $\nabla_H/(10^{-2}\,\mathrm{m})$	$h_1 = \nabla_H - \nabla_0$ $/(10^{-2}\,\mathrm{m})$	$\bar{h}_1/(10^{-2}\,\mathrm{m})$	$h_2 = \nabla_0 - \nabla_H$ $/(10^{-2}\,\mathrm{m})$	$\bar{h}_2/(10^{-2}\,\mathrm{m})$	$\dfrac{\rho_0}{\rho_w} = \dfrac{\bar{h}_1}{\bar{h}_1 + \bar{h}_2}$
$p_0 > 0$，且 U 形管中水面与油水交界面齐平								
$p_0 < 0$，且 U 形管中水面与油面齐平								

$\rho_0 = $ ＿＿＿＿＿ $\mathrm{g/cm^3}$

二、分析和讨论

1. 同一静止液体内的测压管水头线是一根什么线？

2. 当 $p_B < 0$ 时，试根据记录数据确定水箱内的真空区域。

3. 若再备一根直尺，试采用另外的简便方法测定 ρ_0。

4. 如测压管太细，会对测压管液面读数造成什么影响？

5. 过 C 点作一水平面，相对测压管 1、2、8 及水箱中的液体而言，这个水平面是不是等压面？哪部分液体是同一等压面？

附录 2　恒定流伯努利方程实验

一、数据处理及成果展示

实验设备名称：＿＿＿＿＿＿＿；　　　实验台编号：＿＿＿＿＿＿＿；

实验者：＿＿＿＿＿＿＿；　　　　实验日期：＿＿＿＿＿＿＿。

1.相关常数记录

均匀段 $d_1 =$ ＿＿＿＿＿＿ $\times 10^{-2}$ m，

喉管段 $d_2 =$ ＿＿＿＿＿＿ $\times 10^{-2}$ m，

扩管段 $d_3 =$ ＿＿＿＿＿＿ $\times 10^{-2}$ m，

水箱液面高程 $\nabla_0 =$ ＿＿＿＿＿＿ $\times 10^{-2}$ m，

上管道轴线高程 $\nabla_z =$ ＿＿＿＿＿＿ $\times 10^{-2}$ m。

（基准面选在标尺的零点上）

2.数据记录与计算（见表 2-1 至表 2-4）

二、分析和讨论

1.测压管水头线和总水头线的变化趋势有何不同？为什么？

2.流量增加,测压管水头线有何变化？为什么？

3.测压点②、③和测压点⑩、⑪的测压管分别说明了什么问题？

4.总压管所显示的总水头线与实测绘制的总水头线一般都略有差异，试分析其原因。

5.为什么急变流断面不能被选作伯努利方程的计算断面？

表 2-1 管径记录

测压点编号	①*	②③	④	⑤	⑥*⑦	⑧*⑨	⑩⑪	⑫*⑬	⑭*⑮	⑯*⑰	⑱*⑲
管径 $d/(10^{-2}\,\text{m})$											
两点间距 $l/(10^{-2}\,\text{m})$	4	4	6	6	4	13.5	6	10	29	16	16

注:(1)测压点⑥、⑦所在断面内径为 d_2,测压点⑯、⑰为 d_3,其余均为 d_1。

(2)标"*"的为毕托管测压点。

(3)测压点②、③为直管均匀流段同一断面上的两个测压点,⑩、⑪为等管非均匀流段同一断面上的两个测压点。

表 2-2 测压管水头 h_i,流量测记(其中 $h_i=z_i+\dfrac{p_i}{\rho g}$,单位为 $10^{-2}\,\text{m}$,i 为测压点编号)

测次	h_2	h_3	h_4	h_5	h_7	h_9	h_{10}	h_{11}	h_{13}	h_{15}	h_{17}	h_{19}	$Q/(10^{-6}\,\text{m}^3\cdot\text{s}^{-1})$
1													
2													
3													

表 2-3 流速水头数值计算

管径 d/(10^-2 m)	$Q_1 = \dfrac{V_1}{t_1} =$ ___ (10^-6 m³·s^-1)			$Q_2 = \dfrac{V_2}{t_2} =$ ___ (10^-6 m³·s^-1)			$Q_3 = \dfrac{V_3}{t_3} =$ ___ (10^-6 m³·s^-1)		
	A /(10^-4 m²)	v /(10^-2 m·s^-1)	v²/(2g) /(10^-2 m)	A /(10^-4 m²)	v /(10^-2 m·s^-1)	v²/(2g) /(10^-2 m)	A /(10^-4 m²)	v /(10^-2 m·s^-1)	v²/(2g) /(10^-2 m)

表 2-4 总水头 H_i（其中 $H_i = z_i + \dfrac{p_i}{\rho g} + \dfrac{\alpha v_i^2}{2g}$，单位 10^{-2} m，i 为测压点编号）

测次	H_2	H_4	H_5	H_7	H_9	H_{13}	H_{15}	H_{17}	H_{19}	Q/(10^-6 m³·s^-1)
1										
2										
3										

3.绘制上述成果中最大流量下的总水头线和测压管水头线

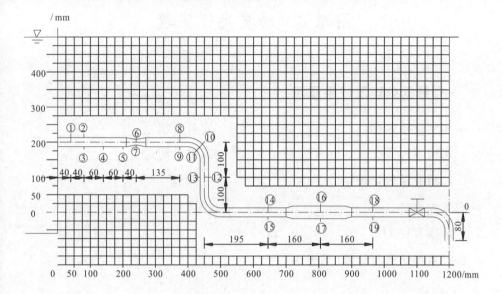

附录 3　动 量 定 律 实 验

一、数据处理及成果展示

实验设备名称：＿＿＿＿＿＿＿；　　　　实验台编号：＿＿＿＿＿＿＿；

实验者：＿＿＿＿＿＿＿；　　　　实验日期：＿＿＿＿＿＿＿。

1. 相关常数记录

管嘴内径 $d=$＿＿＿＿＿$\times 10^{-2}\,\mathrm{m}$，

活塞直径 $D=$＿＿＿＿＿$\times 10^{-2}\,\mathrm{m}$。

2. 数据记录与计算（见表 3-1）

表 3-1　实验数据记录与计算

测次	管嘴作用水头 $H_0/(10^{-2}\,\mathrm{m})$	活塞作用水头 $h_c/(10^{-2}\,\mathrm{m})$	流量 $Q/(10^{-6}\,\mathrm{m}^3\cdot\mathrm{s}^{-1})$	流速 $v/(10^{-2}\,\mathrm{m}\cdot\mathrm{s}^{-1})$	动量力 $F/(10^{-5}\,\mathrm{N})$	动量修正系数 β
1						
2						
3						

二、分析和讨论

1.实测 β 与公认值 $\beta=(1.02\sim1.05)$ 符合与否？ 如不符合，试分析原因。

2.带翼片的平板在射流作用下获得力矩，这对分析射流冲击无翼片的平板沿 x 方向的动量方程有无影响？ 为什么？

3.活塞上的细导管出流角度对实验有无影响？ 为什么？

4.若 v_{2x} 不为零，会对实验结果造成什么影响？ 结合实验步骤 8 的结果予以说明。

附录4 雷诺实验

一、数据处理及成果展示

实验设备名称：_____；　　　　实验台编号：_____；

实验者：_____；　　　　实验日期：_____。

1.相关常数记录

管径 $d=$ _____$\times 10^{-2}$m，　　　　水温 $T=$ _____℃。

2.数据记录与计算（见表4-1）

流体黏度 $\upsilon=\dfrac{0.01775\times 10^{-4}}{1+0.0337T+0.000221\,T^2}(\mathrm{m^2 \cdot s^{-1}})$

$\qquad\qquad =$ _____$\times 10^{-4}(\mathrm{m^2 \cdot s^{-1}})$

计算常数 $K=$ _____$\times 10^6(\mathrm{s \cdot m^{-3}})$

表4-1　实验数据记录与计算

测次	有色水线形态	水体积 $V/(10^{-6}\mathrm{m^3})$	时间 t/s	流量 $Q/(10^{-6}\mathrm{m^3 \cdot s^{-1}})$	雷诺数 Re	阀门开度增(↑)或减(↓)	备注
1							
2							
3							
4							
5							
6							
7							

实测下临界雷诺数（平均值）$\overline{Re_c}=$ _____

注：有色水形态包括稳定直线、稳定略弯曲、直线摆动、直线抖动、断续、完全散开等。

二、分析和讨论

1.液体流态与哪些因素有关,为什么外界干扰会影响液体流态的变化?

2.为何上临界雷诺数无实际意义,而采用下临界雷诺数作为层流与湍流的判断依据? 实测下临界雷诺数为多少?

3.试结合湍动机理实验,分析由层流过渡到湍流的机理何在?

4.分析层流和湍流在运动学特性和动力学特性方面各有何差异?

5.雷诺实验得出的圆管流动下临界雷诺数为 2320,而目前有些教科书中介绍采用的下临界雷诺数是 2000,原因何在?

附录 5　文丘里流量计实验

一、数据处理及成果展示

实验设备名称：＿＿＿＿＿＿＿；　　　　实验台编号：＿＿＿＿＿＿＿；

实验者：＿＿＿＿＿＿＿；　　　　　　实验日期：＿＿＿＿＿＿＿。

1. 相关常数记录

管径 $d_1=$ ＿＿＿＿＿ $\times10^{-2}$ m，喉管 $d_2=$ ＿＿＿＿＿ $\times10^{-2}$ m，

水温 $T=$ ＿＿＿＿＿ ℃，水箱液面高程标尺值 $\nabla_0=$ ＿＿＿＿＿ $\times10^{-2}$ m，

管道轴线高程标尺值 $\nabla_1=$ ＿＿＿＿＿ $\times10^{-2}$ m。

2. 数据记录与计算（见表 5-1，表 5-2）

表 5-1　实验数据记录

测次	测压管读数/(10^{-2} m)				流量 $Q/(10^{-6}\,\mathrm{m^3\cdot s^{-1}})$
	h_1	h_2	h_3	h_4	
1					
2					
3					
4					
5					
6					

表 5-2　实验计算　　$K=$＿＿＿＿$\times 10^{-5}\,(m^{2.5}\cdot s^{-1})$

测次	$Q/$ $(10^{-6}\,m^3 \cdot s^{-1})$	$\Delta h=h_1-h_2+h_3-h_4$ $/(10^{-2}\,m)$	Re	$Q'=K\sqrt{\Delta h}$ $/(10^{-6}\,m^3 \cdot s^{-1})$	$\mu=\dfrac{Q}{Q'}$
1					
2					
3					
4					
5					
6					

3. 用方格纸绘制 Q-Δh 与 Re-μ 曲线图(分别取 Δh、μ 为纵坐标)

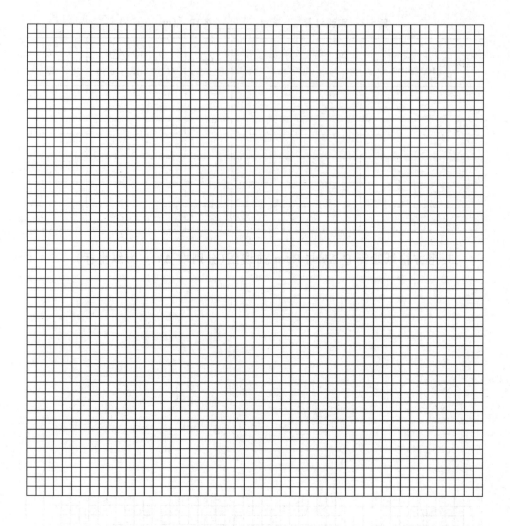

二、分析和讨论

1.若文丘里流量计非水平放置,则其结果有无变化? 为什么?

2.文丘里管前断面和喉管处相比,何处压强更大? 为什么?

3.本实验中,影响文丘里管流量系数大小的因素有哪些? 哪个因素最敏感? 对本实验的管道而言,若受加工精度影响,误将$(d_2-0.01)\times10^{-2}\mathrm{m}$值取代上述 d_2 值时,在最大流量下的 μ 值将变为多少?

4.文丘里管喉管处容易产生真空,允许最大真空度为 $6\sim7\mathrm{mH_2O}$。工程中应用文丘里管时,应检验其最大真空度是否在允许范围内。请根据你的实验成果,分析本实验流量计喉管处最大真空值为多少?

附录6 沿程水头损失实验

一、数据处理及成果展示

实验设备名称：_____； 实验台编号：_____；

实验者：_____； 实验日期：_____。

1.相关常数记录

圆管直径 $d=$_____$\times 10^{-2}$m，测量段长度 $l=0.85$m。

2.数据记录与计算(见表6-1)

3.绘图分析

绘制 $\lg v\text{-}\lg h_f$ 曲线，并确定指数关系值 m 的大小。在方格纸上以 $\lg v$ 为横坐标，以 $\lg h_f$ 为纵坐标，点绘所测的 $\lg v\text{-}\lg h_f$ 关系曲线，根据具体情况连成一段或几段直线。求方格纸上直线的斜率

$$m=\frac{\lg h_{f2}-\lg h_{f1}}{\lg v_2-\lg v_1}$$

将从图上求得的 m 值与已知各流区的 m 值(层流区 $m=1.00$，光滑管流区 $m=1.75$，粗糙管湍流区 $m=2.00$，湍流过渡区 $1.75<m<2.00$)进行比较验证，确定流区。

表 6-1　实验数据记录与计算　常数 $K=\pi^2 gd^5/8l=$ _____ $\text{m}^3 \cdot \text{s}^{-2}$

测次	体积 V /(10⁻⁶ m³)	时间 t/s	流量 Q /(10⁻⁶ m³·s⁻¹)	流速 v /(10⁻² m·s⁻¹)	水温 $T/℃$	黏度 υ /(10⁻⁴ m²·s⁻¹)	雷诺数 Re	压差计、电测仪读数/(10⁻² m) h_1	h_2	沿程损失 h_f /(10⁻² m)	沿程水头损失系数 λ	$\lambda=\dfrac{64}{Re}$ ($Re<2320$)
1												
2												
3												
4												
5	/	/										
6	/	/										/
7	/	/										/
8	/	/										/
9	/	/										/
10	/	/										/
11	/	/										/

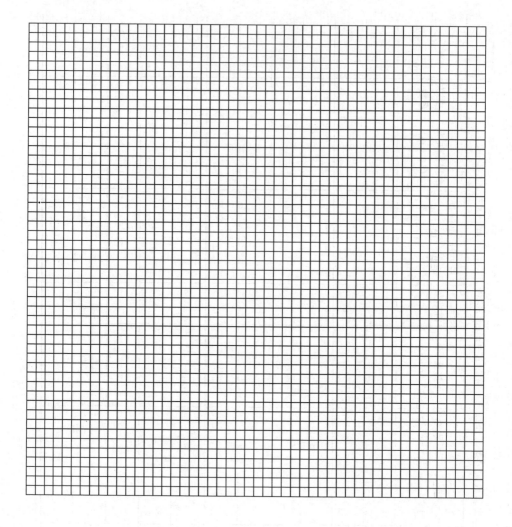

二、分析和讨论

1. 为什么压差计的水柱差就是沿程水头损失？如实验管道安装成倾斜状态，是否会影响实验结果？

2. 据实测 m 值判别本实验的流区。

3. 管道的当量粗糙度如何测得？

4. 影响沿程水头损失系数 λ 的因素有哪些？

附录7 局部水头损失实验

一、数据处理及成果展示

实验设备名称：＿＿＿＿＿＿＿；　　　　实验台编号：＿＿＿＿＿＿＿；

实验者：＿＿＿＿＿＿＿；　　　　　　实验日期：＿＿＿＿＿＿＿。

1. 相关常数记录

实验管段直径：

$d_1 = D_1 = $ ＿＿＿＿＿＿＿ $\times 10^{-2}\,\text{m}$,

$d_2 = d_3 = d_4 = D_2 = $ ＿＿＿＿＿＿＿ $\times 10^{-2}\,\text{m}$,

$d_5 = d_6 = D_3 = $ ＿＿＿＿＿＿＿ $\times 10^{-2}\,\text{m}$。

实验管段长度：

$l_{1-2} = $ __12__ $\times 10^{-2}\,\text{m}$,　　　　　$l_{2-3} = $ __24__ $\times 10^{-2}\,\text{m}$,

$l_{3-4} = $ __12__ $\times 10^{-2}\,\text{m}$,　　　　　$l_{4-B} = $ __6__ $\times 10^{-2}\,\text{m}$,

$l_{B-5} = $ __6__ $\times 10^{-2}\,\text{m}$,　　　　　$l_{5-6} = $ __6__ $\times 10^{-2}\,\text{m}$。

2. 数据记录与计算（见表 7-1、表 7-2）

表 7-1　实验数据记录

测次	体积 /($10^{-6}\,\text{m}^3$)	时间 t/s	流量 /($10^{-6}\,\text{m}^3 \cdot \text{s}^{-1}$)	测压管读数/($10^{-2}\,\text{m}$)					
				h_1	h_2	h_3	h_4	h_5	h_6
1									
2									
3									

表 7-2 实验计算

测次	阻力形式	流量 /(10⁻⁶ m³·s⁻¹)	前断面			后断面			h_j/(10⁻² m)	实测值 ζ	理论值 ζ'
			$\frac{\alpha v^2}{2g}$/(10⁻² m)	E_1/(10⁻² m)		$\frac{\alpha v^2}{2g}$/(10⁻² m)	E_2/(10⁻² m)				
1	突扩										
2											
3											
1	突缩										
2											
3											

二、分析和讨论

1.结合实验结果,试分析比较突扩与突缩在相应条件下的局部损失大小关系。

2.局部突扩后,断面上的测压管水位是如何变化的,为什么?

3.结合流动仪的水力现象,试分析局部阻力损失机理。产生突扩与突缩局部水头损失的主要部位在哪里? 怎样减小局部水头损失?

4.不同的雷诺数 Re,局部阻力系数 ζ 是否相同? 通常 ζ 值是否为常数?

附录 8　孔口与管嘴出流实验

一、数据处理及成果展示

实验设备名称：_____；　　　　实验台编号：_____；

实验者：_____；　　　　　　实验日期：_____。

1. 相关常数记录

孔口管嘴直径及高程：

圆角进口管嘴 $d_1 =$ _____$\times 10^{-2}$ m，

直角进口管嘴 $d_2 =$ _____$\times 10^{-2}$ m，

圆锥形管嘴 $d_3 =$ _____$\times 10^{-2}$ m，

孔口 $d_4 =$ _____$\times 10^{-2}$ m，

出口高程 $z_1 = z_2 =$ _____$\times 10^{-2}$ m，

出口高程 $z_3 = z_4 =$ _____$\times 10^{-2}$ m。

2. 数据记录与计算（见表 8-1）

表 8-1 实验数据记录与计算

项目	分类				
	圆角进口管嘴	直角进口管嘴	圆锥形管嘴	圆柱形管嘴	孔口
水箱液位 $H_1/(10^{-2}\,\mathrm{m})$					
流量 $Q/(10^{-6}\,\mathrm{m}^3\cdot\mathrm{s}^{-1})$					
作用水头 $H_0/(10^{-2}\,\mathrm{m})$					
面积 $A/(10^{-4}\,\mathrm{m}^2)$					
流量系数 μ					
测压管液位 $H_2/(10^{-2}\,\mathrm{m})$		/	/		/
真空度 $H_v/(10^{-2}\,\mathrm{m})$		/	/		/
收缩直径 $d_c/(10^{-2}\,\mathrm{m})$	/	/			
收缩断面 $A_c/(10^{-4}\,\mathrm{m}^2)$	/	/			
收缩系数 ε					
流速系数 φ					
阻力系数 ζ					
流股形态					

注：流股形态包括光滑圆柱、湍散、圆柱形麻花状扭变、具有侧向收缩的光滑圆柱及其他形状。

二、分析和讨论

1. 结合不同类型管嘴与孔口出流的流股特征,分析流量系数不同的原因及增大过流能力的途径。

2. 为什么要求圆柱形外管嘴长度 $L=(3\sim4)d$,当圆柱形外管嘴长度 L 大于或小于 $L=(3\sim4)d$ 时,将会出现什么情况?

3. 观察 $d/H>0.1$ 时,孔口出流的侧收缩率较 $d/H<0.1$ 时又有何不同?

4. 在哪些管嘴中容易出现真空? 为什么?

附录9 毕托管测速与修正系数标定实验

一、数据处理及成果展示

实验设备名称：＿＿＿＿＿＿＿＿；　　　　实验台编号：＿＿＿＿＿＿＿＿；

实验者：＿＿＿＿＿＿＿＿；　　　　　　　实验日期：＿＿＿＿＿＿＿＿。

1. 相关常数记录

毕托管修正系数 $c=$＿＿＿＿＿＿＿＿，

$k=$＿＿＿＿＿＿＿＿ $\mathrm{m^{0.5} \cdot s^{-1}}$。

2. 数据记录与计算（见表9-1）

表 9-1　实验数据记录与计算

测次	上、下游水位			毕托管测压计			测点流速 $u=k\sqrt{\Delta h}$ /(m·s⁻¹)	流速仪测值 /(m·s⁻¹)	测点流速系数 $\varphi'=c\sqrt{\Delta h/\Delta H}$
	h_1 /(10^{-2}m)	h_2 /(10^{-2}m)	ΔH /(10^{-2}m)	h_3 /(10^{-2}m)	h_4 /(10^{-2}m)	Δh /(10^{-2}m)			
1									
2									
3									

二、分析和讨论

1.本实验所测得 φ' 值说明了什么？

2.毕托管测量水流速度的范围为 $(0.2\sim2.0)\mathrm{m}\cdot\mathrm{s}^{-1}$ ，轴向安装偏差要求不应大于 $10°$ ，试分析其原因。

3.毕托管全压水头与静压水头之差 Δh 和管嘴的作用水头 ΔH 之间的大小关系如何，为什么？

4.利用测压管测量点压强时，为什么要排气？怎样检验排净与否？

附录 10　达西渗流实验

一、数据处理及成果展示

实验设备名称：_____；　　　　实验台编号：_____；

实验者：_____；　　　　实验日期：_____。

1. 相关常数记录

砂筒直径 $d=$ _____ $\times 10^{-2}\,\mathrm{m}$，　　测点间距 $l=$ _____ $\times 10^{-2}\,\mathrm{m}$，

$d_{10}=$ _____ $\times 10^{-2}\,\mathrm{m}$。

2. 数据记录与计算（见表 10-1）

二、分析和讨论

1. 若要确定达西定律的适用范围，则上述实验应如何进行？

2. 不同流量下渗流系数 K 是否相同，为什么？

表 10-1 实验数据记录与计算

测次	测点水头差 h_w			水力坡度 J	体积 V /(10^{-6} m^3)	时间 t/s	流量 Q /(10^{-6} m^3 · s^{-1})	砂筒面积 A /(10^{-4} m^2)	流速 v /(10^{-2} m · s^{-1})	渗透系数 K /(10^{-2} m · s^{-1})	水温 T/℃	运动黏度 υ /(10^{-4} m^2 · s^{-1})	雷诺数 Re
	h_1	h_2	Δh										
1													
2													
3													

附录 11　堰 流 实 验

一、数据处理及成果展示

实验设备名称：_____；　　　　实验台编号：_____；

实验者：_____；　　　　实验日期：_____。

1.相关常数记录

渠宽 b：_____$\times 10^{-2}$m,宽顶堰厚度 $\delta=$_____$\times 10^{-2}$m,

上游渠底高程 $\nabla_2=$_____$\times 10^{-2}$m,堰顶高程 $\nabla_0=$_____$\times 10^{-2}$m,

上游堰高 $P_1=$_____$\times 10^{-2}$m,三角堰顶高程 $\nabla_{00}=$_____$\times 10^{-2}$m,

率定常数 $A=$_____,率定常数 $B=$_____。

2.数据记录与计算(见表 11-1)

二、分析和讨论

1.测量堰上水头 H 值时,堰上游可移动水位测针读数为何要在堰壁上游 $3H\sim 5H$ 附近处测读?

2.为什么宽顶堰要在 $2.5<\delta/H<10$ 的范围内进行实验?

3.有哪些因素影响实测流量系数 m 的精度?如果行近流速水头忽略不计,那么对实验结果会产生多大影响?

表 11-1　实验数据记录与计算

测次	三角堰上游水位 ∇_{01}/(10^{-2} m)	实测流量 Q/(10^{-6} m³·s⁻¹)	堰上游水位 ∇_1/(10^{-2} m)	堰上水头 H/(10^{-2} m)	行近流速 v_0/(10^{-2} m·s⁻¹)	流速水头 $\dfrac{v_0^2}{2g}$/(10^{-2} m)	堰上全水头 H_0/(10^{-2} m)	流量系数 m 实测值	流量系数 m 经验值	堰下游水位 ∇_3/(10^{-2} m)	下游水位超顶高 h_s/(10^{-2} m)	校核 $h_s/H_0<0.8$
1												
2												
3												
4												
5												
6												
7												
8												

附录 12 闸下自由出流流量系数测定实验

一、数据处理及成果展示

实验设备名称：＿＿＿＿＿＿＿；   实验台编号：＿＿＿＿＿＿＿；

实验者：＿＿＿＿＿＿＿；   实验日期：＿＿＿＿＿＿＿。

1. 相关常数记录

闸前水位测针零点读数$\nabla_{底}=$＿＿＿＿＿＿＿$\times 10^{-2}\,\mathrm{m}$，

槽宽 $B=$＿＿＿＿＿＿＿$\times 10^{-2}\,\mathrm{m}$，

闸门关闭时标尺起始读数 $e_0=$＿＿＿＿＿＿＿$\times 10^{-2}\,\mathrm{m}$。

2. 数据记录与计算（见表 12-1）

二、分析和讨论

1. 为什么相对开度 e/h 会影响流量系数 μ_0 值？

2. 当闸下出现淹没出流时，闸前水位将发生什么变化？为什么？

表 12-1　实验数据记录与计算

测次	闸前水位读数 $\nabla/(10^{-2}\,m)$	闸前水深 $h=\nabla-\nabla_{底}$ $/(10^{-2}\,m)$	闸门标尺读数 e' $/(10^{-2}\,m)$	闸门开度 $e=e'-e_0$ $/(10^{-2}\,m)$	闸前过水断面面积 $A_0=Bh$ $/(10^{-4}\,m^2)$	闸前行进流速 $v_0=Q/A_0$ $/(10^{-2}\,m\cdot s^{-1})$	$v_0{}^2/(2g)$ $/(10^{-2}\,m)$	$H_0=h+v_0{}^2/(2g)$ $/(10^{-2}\,m)$	$eB(2gH_0)^{1/2}$ $/(10^{-6}\,m^3\cdot s^{-1})$	μ_0	e/h
1											
2											
3											
4											
5											
6											
7											
8											
9											

附录 13 明渠糙率测定实验

一、数据处理及成果展示

实验设备名称：＿＿＿＿＿＿＿；   实验台编号：＿＿＿＿＿＿＿；

实验者：＿＿＿＿＿＿＿；   实验日期：＿＿＿＿＿＿＿。

1. 相关常数记录

渠宽 $b=$＿＿＿＿＿$\times 10^{-2}$ m，   测量段长度 $l=$＿＿＿＿$\times 10^{-2}$ m。

2. 数据记录与计算（见表 13-1）

二、分析和讨论

1. 测量糙率 n 时，为什么要选取均匀流段？

2. 试分析影响糙率 n 值的因素。

表 13-1　实验数据记录与计算

测次	过水断面面积 A /$(10^{-4}\,\mathrm{m^2})$	湿周 χ /$(10^{-2}\,\mathrm{m})$	水力半径 R /$(10^{-2}\,\mathrm{m})$	上游水面高程 $z_\mathrm{上}$ /$(10^{-2}\,\mathrm{m})$	下游水面高程 $z_\mathrm{下}$ /$(10^{-2}\,\mathrm{m})$	测量段长度 l /$(10^{-2}\,\mathrm{m})$	底坡 i	水容积 V /$(10^{-6}\,\mathrm{m})$	时间 t/s	流量 Q /$(10^{-6}\,\mathrm{m\cdot s^{-1}})$	流速 v /$(10^{-2}\,\mathrm{m\cdot s^{-1}})$	谢才系数 C	糙率 n
1													
2													
3													
4													
5													

附录 14 水跃实验

一、数据处理及成果展示

实验设备名称：＿＿＿＿＿＿＿＿；　　　　实验台编号：＿＿＿＿＿＿＿＿；

实验者：＿＿＿＿＿＿＿＿；　　　　　　实验日期：＿＿＿＿＿＿＿＿。

1. 相关常数记录

渠宽 $b=$ ＿＿＿＿＿＿＿＿ $\times 10^{-2}\,\mathrm{m}$。

2. 数据记录与计算（见表 14-1）

二、分析和讨论

1. 测量水深时，水位有波动，应如何取其平均值？

2. 如何判断跃前水深和跃后水深的位置？怎样测量水跃长度？

3. 在同一流量下，为什么调节下游尾门可出现三种不同类型的水跃？另当尾门不变时，能否用其他方法获得三种类型的水跃？

4. 五种形态水跃中哪种水跃的消能效果较好？为什么实际工程中大多采用稳定水跃？

表 14-1 实验数据记录与计算

测次	三角堰上游水位 ∇_1 /(10^{-2} m)	实测流量 Q /(10^{-6} m³·s⁻¹)	跃前水水深 /(10^{-2} m)			跃后水深 /(10^{-2} m)			水跃长度 /(10^{-2} m)		水跃损失 ΔH_j /(10^{-2} m)	跃前水头 H_1 /(10^{-2} m)	消能率 $\eta = \Delta H_j/H_1$	Fr
			水面读数 ∇_2	实测均值 ∇_s	h'	水面读数 ∇_3	实测均值 ∇_8	h'	计算值 h''	实测值 L'_B	计算值 L_B				
1															
2															
3															
4															

附录 15　水面曲线实验

一、数据处理及成果展示

实验设备名称：＿＿＿＿＿＿＿＿＿＿；　　　　实验台编号：＿＿＿＿＿＿＿＿＿＿；

实验者：＿＿＿＿＿＿＿＿＿＿；　　　　实验日期：＿＿＿＿＿＿＿＿＿＿。

1. 相关常数记录

渠宽 $b=$ ＿＿＿＿＿＿$\times 10^{-2}$ m，　　　　明渠糙率 $n=$ ＿＿＿＿＿＿＿，

$z_0=$ ＿＿＿＿＿＿$\times 10^{-2}$ m，　　　　$l_0=$ ＿＿＿＿＿＿$\times 10^{-2}$ m。

2. 数据记录与计算（见表 15-1）

二、分析和讨论

1. 判别临界流除了采用测定明渠临界底坡 i_c 方法外，还有其他什么方法？

2. 分析计算水面线时，急流和缓流的控制断面应如何选择？为什么？

表 15-1　实验数据记录与计算

体积 V /(10^{-6} m^3)	时间 t/s	流量 Q /(10^{-6} m$^3 \cdot$ s^{-1})	水深 h_c /(10^{-2} m)	面积 A_c /(10^{-4} m^2)	湿周 χ_c /(10^{-2} m)	水力半径 R_c /(10^{-2} m)	谢才系数 C_c /(m$^{0.5} \cdot$ s^{-1})	渠宽 b_c /(10^{-2} m)	临界底坡 i_c

$\Delta_{zc} = i_c \times l_0 = $ _____ 10^{-2} m ;

$z_c = z_0 - \Delta_{zc} = $ _____ 10^{-2} m

附录 16   静场传递扬水演示实验

一、分析和讨论

1. 实验中仪器上为什么会产生间隙性扬水景观？

2. 下密封水箱的虹吸过程在什么情况下会被破坏？

3. 上密封水箱中的逆止阀在什么情况下会被开启？在什么情况下会被关闭？

附录 17　流谱流线演示实验

一、分析和讨论

1. 什么情况下流线与迹线重合? 流线的形状与流场边界线有何关系?

2. 指出演示仪器中的急变流区。

3. 空化现象为什么常常发生在旋涡区?

4. 卡门涡街具有什么特性? 对绕流物体有什么影响?

附录 18　水击现象演示实验

一、分析和讨论

1. 水击对压力管道有何影响？
2. 试述消除与减小水击压强的措施。
3. 水击启动阀为何能不停地上下跳动？
4. 水击波与波浪有何区别？